为 人 生 提 供 领 跑 世 界 的 力 量

BLACK SWAN

巧克力很棒！谢了，妈！

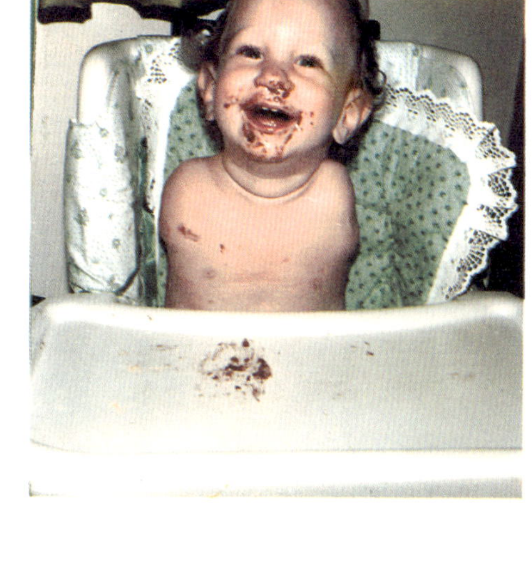

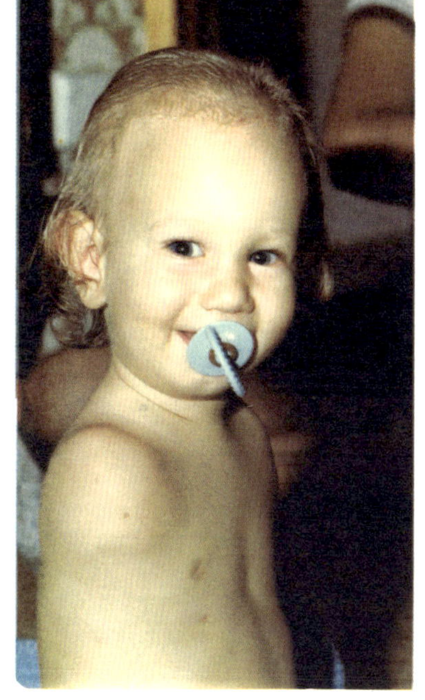

这是我最喜欢的照片（6个月大），快乐、自信又可爱，对吧！在那个年纪，我的无知便是福，不知道我跟别人不一样，也不知道前方有许多挑战在等着我。

两岁半，正在驾驶并慢慢熟悉我的第一部“车”。各位，小心你们的脚了！

我爱昆士兰的沙滩，一直很喜欢去那里玩我最爱的小汽车、小卡车。3岁时，我会猛地扑向岸边的小波浪。

我弟弟和我最喜欢玩的游戏是海战棋。我有时会使用手臂，但是到最后，显然还是我不用义肢的效果比较好。

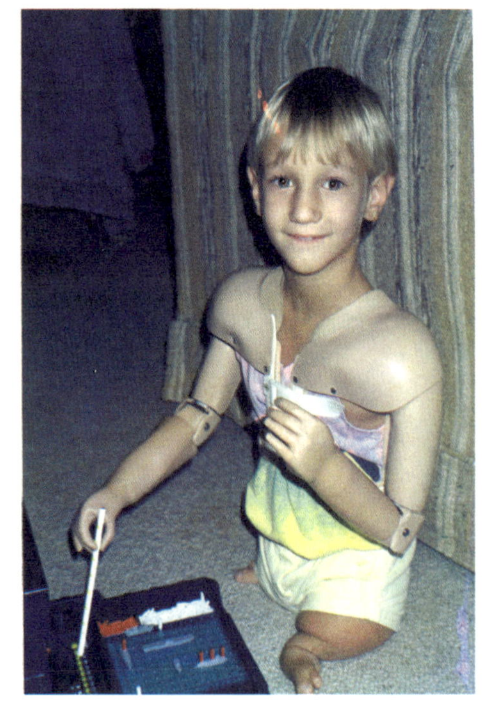

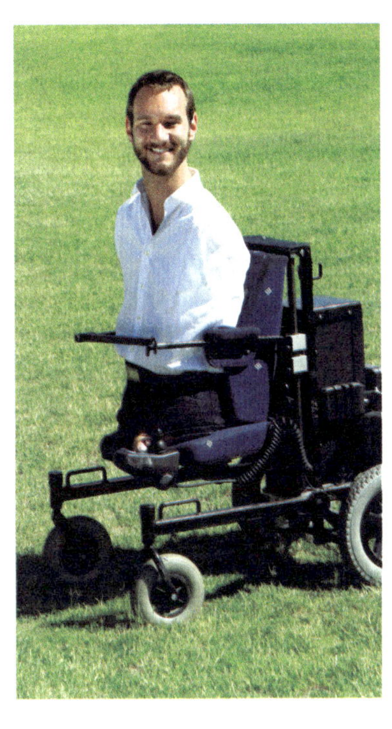

就像琼尼·艾瑞克森·塔达说的，“我们都有车”。在使用我的特制电动轮椅时，我有解放的感觉。

任务完成！2003年，我21岁，从格里菲斯大学毕业，取得财经规划及会计双学位。

2009年，爸妈和我合影于美国职棒安那罕天使队的球场，就在我要上台面对55000人之前。

和弟弟亚伦及妹妹蜜雪儿合影。

跟我的漂亮妹妹蜜雪儿碰面，沐浴在夏日气息中。

正在跟指导员一起设计手语。这是我第一次在水池里练习潜水。

与贝诗妮·汉米尔顿一起冲浪的惊奇体验。当我鼓足勇气、想靠自己在浪板上取得平衡时，她很亲切地陪我一起冲。

看我冲浪黑狗兄的厉害！

在加纳一场大型集会开始前，我的“手心”都流汗了。

无论到哪里，我都会试着鼓励我遇到的每个人用信心、希望、爱和勇气克服逆境，如此才能去追求自己的梦想。这些男孩的喜乐真的把我“抬了起来”，让我精神振奋。我永远不会忘记2002年我们在南非共度的时光。

跟孩子们在一起让我保持脚踏实地，特别是哥伦比亚那群喜欢踢足球的小朋友。

我永远不会忘记珍妮特是如何鼓舞了每个有幸认识她的人。有人会说她输掉了与癌症的战斗，但我要说，是她慈爱的天父把她疲惫的躯体带回家了。她没有输掉什么。她让我们心碎，却也让我们知道如何在虚弱之中展现完美的力量。

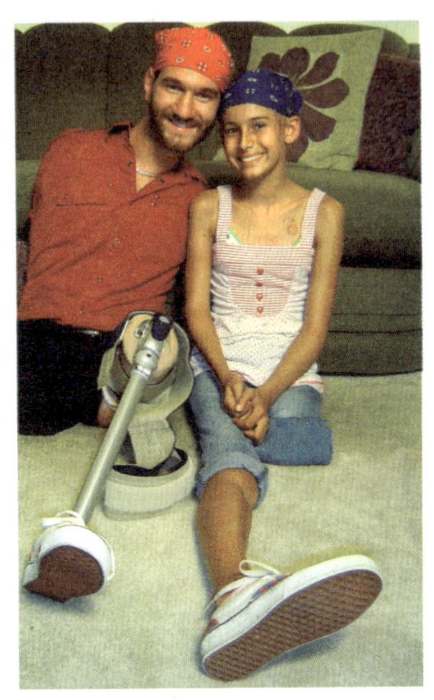

要开始了！

# 人生不设限

[澳大利亚] 力克・胡哲（Nick Vujicic）著
彭蕙仙 译

LIFE WITHOUT LIMITS

## 我那好得不像话的生命体验

长江出版传媒 | 湖北教育出版社

**图书在版编目（CIP）数据**

人生不设限 /（澳）胡哲著；彭蕙仙译．—武汉：湖北教育出版社，2015.3

ISBN 978-7-5564-0086-7

Ⅰ．①人… Ⅱ．①胡… ②彭… Ⅲ．①成功心理—通俗读物 Ⅳ．①B848.4-49

中国版本图书馆CIP数据核字（2015）第051797号



出版发行　湖北教育出版社
邮政编码　430015　电　话　027-83619605
地　　址　武汉市青年路277号
网　　址　http：//www.hbedup.com
经　　销　新华书店
印　　刷　北京鹏润伟业印刷有限公司
开　　本　710mm×1000mm　1/16
印　　张　15.5
字　　数　170千字
版　　次　2015年8月第1版
印　　次　2015年8月第1次印刷
书　　号　ISBN 978-7-5564-0086-7
定　　价　49.80元

本书若有质量问题，请联系调换。电话：010-82069336

LIFE WITHOUT LIMITS

目录

LIFE WITHOUT LIMITS

**LIFE WITHOUT LIMITS**

LIFE WITHOUT LIMITS

LIFE WITHOUT LIMITS

LIFE WITHOUT LIMITS



## 第十二章 你的任务是付出



## 附录 网络时代的行善资源

# 前言

## 我真是幸福得不像话

我叫力克·胡哲，今年28岁。我一生下来就没有四肢，不过，我可没有被这个状况限制住。我在世界各地旅行，鼓励了上百万人以信心、希望、爱和勇气克服逆境，追求自己的梦想。我在这本书里将和大家分享我如何面对难关与障碍，其中有些是我个人的独特经验，但大部分则是我们每个人都会经历的。我写这本书是为了鼓励你战胜挑战与克服困难，好让你找到自己生命的目的，走向好得不像话的人生。

艰苦难熬的时光和困境会引发自我怀疑和绝望，这点我非常了解。我们常常觉得人生真不公平，然而《圣经》中《雅各书》第1章第2节上说："你们落在百般试炼中，都要以为大喜乐。"那是我挣扎了许多年想学会的功课，最后我终于弄懂了，而且我的经验可以帮助你了解到，每个人所经历的苦难，大部分都提供了机会，让我们探索人生的目的，并以珍贵的天赋嘉惠他人。

我的父母是虔诚的基督徒，不过，看到我出生时那没手没脚的模样，他们也不禁怀疑上帝到底在想什么。一开始，他们认为我不可能过正常生活，我的人生毫无希望、没有未来。

然而，今天我过着完全超乎我们想象的生活。每天都有不认识的人通过电话、E-mail、短信和Twitter跟我联络；在机场、饭店和餐厅里，人们走向我、拥抱我，说我以某种方式感动了他们。我真是个蒙福的人，这些年来，我真是幸福得不像话。

我和家人没有预见到的是，我身体上的障碍——我的“负担”——也可以成为祝福，给了我独一无二的机会去帮助他人，理解他们的痛苦，同情他们的遭遇，并带给他们安慰。没错，我是面临一些不寻常的挑战，但同时我也受到祝福，拥有可爱的家庭、敏锐的心智以及深刻恒久的信仰。在这本书里，我会坦率地让你知道，其实是在经历一些可怕的时光后，我的信仰和人生目标才逐渐变得坚定。

你知道的，当我进入令人无所适从的尴尬青春期时，我对自己的处境感到绝望，觉得自己永远也不可能“正常”。很明显，我的身体跟同学们的不一样，当我努力尝试各种别人做来稀松平常的活动，例如游泳、滑板时，我只会愈来愈明白一件事：有些事我就是做不来。

而有些残忍的孩子叫我“怪物”和“外星人”，更是让情况雪上加霜。我当然只是个普通人，只想和别人一样，但机会似乎很渺茫。我想要被人接受，但觉得没人肯接受我；我想要融入人群，但好像没办法。

我觉得很沮丧，被负面的想法彻底淹没。我的心很痛，即使被家人和朋友包围，我还是觉得孤单。我担心自己会成为我所爱的人永远的包袱，觉得十分绝望，找不到一丁点儿人生的意义。

但我真是大错特错。我在当时那些灰暗的日子里所不知道的事，竟然可以成为一本书——就是你现在手上拿的这一本。接下来在本书中，我将提供在艰巨的试炼和痛彻心扉的磨难中找到希望的方法。在苦难的另一边，有一条不同的路，会让你更坚强、更坚定，让你找到自己想要的人生。我会点出那条路。

“如果你有渴望与热情去做某件事，而这件事出自上帝的旨意，那么你一定会成功。”这句话真是强而有力，不过老实说，我自己也不太相信就是了。或许你曾在网络上看过对我的访问，那些闪耀着快乐幸福的影像是我人生的各种经历，但一开始的我并非如此，一路走来，我学到了几项重要特质。要想过一个不设限的人生，我认为需要：

· 强烈意识到生命的目的

· 不可磨灭的希望
· 对上帝及无限的可能性有信心
· 喜爱并接纳自己本来的样子
· 态度决定高度
· 勇敢的精神
· 愿意改变
· 愿意信任的心
· 渴望机会
· 有评估风险与笑看人生的能耐
· 有服侍他人的使命

这本书的每一章会提到上述的一项特质，我希望我的说明能帮助你在自己的生命旅程中运用这些特质，活出丰富且有意义的人生。我告诉你这些事，是因为我想与你分享上帝的爱，希望你体验到他要给你的喜乐与满足。

如果你每天都过得很挣扎，请记住，在我们的苦难背后有个远超乎我们想象的人生目的地在等着我们。

你或许会碰到艰难的时光，或许会倒下，然后觉得自己没有力量站起来。我懂那种感觉。我们都会碰上那样的状况，生命不会一直轻松愉快，但是当我们战胜了挑战，就会变得更强壮，也会对于能有那样的机会更感恩。真正重要的是你一路上接触到的人，以及你如何走完你的旅程。

我爱我的生命，如同我爱你的。我们一起努力，可能性就会大得不像话。所以你觉得呢？我们要不要试试看，朋友？

# LIFE WITHOUT LIMITS

## 第一章

## 如果没有得到奇迹，就成为一个奇迹

我在You Tube[①]上最受欢迎的影音，是一段拍摄了我在溜滑板、冲浪、听音乐、打高尔夫球、跌倒、爬起来、跟听众说话，还有跟许多人拥抱等等的影片。

总的来说，这些不过就是一般人也做得到的平常事，不是吗？那你觉得为什么这样的影片却可以吸引几百万人点阅呢？我认为，大家之所以想看，是因为尽管生理上有重重限制，我却活得似乎完全不受限。

人们总是认为，身体有严重缺陷的人会活得没什么生趣，甚至易怒、退缩。因此，当大家发现我竟然过着大胆且充实的生活时，难免感到意外——我就是喜欢让人吃惊。

我的影片往往有几百条留言，最典型的如下：看到像他这样的家伙都可以这么快乐，我不禁怀疑我对自己到底有什么好不爽的？我干吗觉得自己不够有魅力、不够有趣？这个没有四肢的家伙活得这么开心，而我的脑袋竟然会有那些无聊的想法！

我经常被问到这个问题："力克，你怎么可以这么快乐？"你或许正面临挑战，所以我就先回答你吧：

---

① You Tube，世界上最大的视频分享网站。

我快乐是因为我了解到，我或许并不完美，但我是完美的力克·胡哲！我是上帝照着他对我的计划所做的独特创作。当然，这并不表示我的一切已无须改进，我一直努力让自己更好，这样才能更彻底地服侍上帝和这个世界。

我确实相信我的生命没有限制，而不论你的挑战是什么，希望你也觉得自己的人生不受限。当我们一起开始这段旅程时，请先思考一下你为自己的人生，或者别人替你的人生加上的限制。现在再想一想，如果没有这些限制会怎样？如果任何事都是可能的，那么，你的人生会如何？

表面上，我是个失能者，但实际上，我因为没有四肢而拥有能力。我个人的独特挑战为我开启了独一无二的机会，让我可以接触到许多有需要的人。所以，请好好想一想有什么是你可以做的！我们实在太常以为自己不够聪明、不够有魅力、不够有天分，因此无法追求梦想。别人怎么讲我们就怎么相信，要不然就是自我设限太多。更糟的是，当你觉得自己毫无价值时，就等于限制了上帝在你身上的作为。当你放弃梦想时，就等于把上帝框住了。毕竟，你是他的创造物，他创造你是有目的的。因此，你的生命不应该受到限制，就像神的爱不受局限一样。

我有选择，你也有选择。我们可以选择对那些令人失望与不足之处念念不忘，可以选择苦涩、愤怒或悲哀；或者，在面对艰难时刻和那些对我们心怀恶意的人时，我们可以选择从经验中学习，然后继续往前走，为自己的快乐负责。

作为上帝的儿女，你是美好且珍贵的，比这世上所有的钻石更有价值。你我都是照着我们该有的样子完美成形，不过，我们的目标应该是不断努力成为更好的人，并借着更远大的梦想扩张自己的界限。这一路上有许多需要调整的地方（毕竟人生不是一直花香常漫），但活着永远是值得的。我想让你知道，无论你所处的环境如何，只要还有一口气在，你就能做出贡献。

我没办法拍拍你的肩膀给你保证什么，但我可以发自内心真诚地对你说，无论你的人生看起来多么无望，希望永远存在；就算情况似乎很糟糕，前方还是会有好日子；无论环境有多险峻，你总能超越这些艰险。期待改变并不能带来改变，下定决心、此刻就采取行动，才能改变一切。

万事互相效力，一切最终会有好结果——这点我很确定，因为我的生命就是如此。没有四肢的人生有什么好的？光是看着我，人们就愿意倾听我，让我分享信仰，告诉大家他们是被爱的，并带给他们希望。

这就是我的贡献。认识自己的价值很重要，要知道，你也有些什么可以贡献出去。如果你此刻觉得沮丧，那也OK，因为沮丧感代表你想要一个比现在更丰富的人生，这很好哇。通常，生命中的挑战会让我们更明白自己真正应该成为一个什么样的人。

## 我的出生没有带来欢庆喜悦

我花了很长的时间才明白我的境遇对我到底有什么好处。我妈妈怀我的时候是25岁，我是她的第一个小孩。她曾经当过助产士和小儿科护士，在产房照顾过好几百个产妇和小婴儿，所以知道怀孕时该做些什么。她很注意饮食，小心用药，不喝含酒精的饮料，连止痛药都不服用。她去看最好的医生，然后大家都跟她说一切会很顺利。

不过，我妈妈还是一直担心。当预产期临近时，她跟我爸爸提了好几次：“我希望这个小宝贝真的没事。”

怀孕期间的两次超声波产检，医生都没发现异状。他们告诉我父母是个男孩，但提都没提“没手没脚”这回事。然后到了1982年12月4日，我出生了。妈妈一开始没看到我，她开口问医生的第一个问题是：“这小宝贝还好吧？”但现场一片沉默。过了好一会儿，他们还是没敢把新生儿带去给妈妈看，她愈来愈觉得事情不对劲。当时，医护人员没把我抱去给妈妈，反而找来一位小儿科医生，大队人马移动到产房的另一头，看着我，然后面面相觑。当妈妈听到一声健康婴儿的哭喊声时，终于放下心来。然而，在生产过程中早就注意到我少了一只手臂的爸爸却略感不安，接着被医护人员带出了产房。

医护人员看到我时，完全呆掉了，很快把我整个人包了起来。

不过，我妈妈可不会被骗，看到医护人员苦恼的表情，她知道情况非常糟。

“怎么回事？我的宝宝怎么了？”她问。

起先，她的医生不愿回答，但是当我妈妈坚持一定要他给个说法时，医生不得不用一个医学名词来回应：“你的宝宝有海豹肢症。”

妈妈当过护士，知道这个名词意味着孩子出生时四肢畸形或四肢不全，她只是无法接受这个事实。

同一时间，我那早已吓呆的爸爸还待在产房外，一直想知道他所看见的到底是不是他想的那样。当小儿科医生出来跟他说话时，他大叫着：“我儿子，他没有手臂？”“事实上，”那位小儿科医生小心翼翼地说，“你的儿子是没有手臂也没有腿。”

“什么？”我爸爸完全无法相信。

在极度的震惊与痛苦中，他有一阵子呆坐着不能言语。之后，保护妻儿的本能涌现，他冲进产房，想赶在妈妈看到我之前先让她知道我的状况。不过他很惊愕地发现，自己的妻子正呆滞地躺在床上哭泣着。原来，医护人员已经告诉她这个消息，还把我带到她面前，要她抱抱我。但是妈妈拒绝了，要他们把我带走。

护士哭了，助产士哭了，当然，我也哭了！最后，他们把我放在妈妈身旁，包得好好的。我妈妈就是无法忍受她所见到的：她的孩子没有四肢。

“把他带走，”她说，“我不想碰他或看到他。”

直到今天，对于当初医护人员没有给爸爸时间，让他帮助我妈妈准备好面对一切，爸爸还是觉得很不高兴。过了一会儿，妈妈睡了，爸爸到育婴室看我，然后回去跟妈妈说：“他很好看呢。”他问妈妈要不要去看一下，她说不要，因为她还处于震惊的状态。爸爸充分理解，也尊重她的感受。

我的出生没有带来欢庆喜悦，父母和整个教会反而悲哀以对。“如果上帝是个有爱的上帝，”他们不解，“他怎么会让这种事发生？”

## 我苦，有人比我更苦

我是父母的第一个小孩，在任何家庭，这都是值得庆贺欣喜的事，然而我出生时，没人送花给我妈妈。这让她觉得受伤，也陷入更深的绝望。

她含着泪问我爸爸：“难道我就不值得拥有一束花吗？”

“对不起，”爸爸说，“你当然值得。”他去医院的花店，很快捧回一束花给她。

此情此景，我自然一无所悉，直到13岁左右，我问父母当年他们看到我没有四肢时，最初的反应是什么，我才知道这一切。有一天，我跟妈妈说起在学校过得好惨，还跟她说我很讨厌自己没手没脚，结果妈妈跟我哭成一团。妈妈告诉我，她和爸爸已经明白上帝对我有个特别计划，有一天，他会显明那个计划。我一直不断地问问题，有些问题出于我个人的好奇心，有些则是为了应付我那些没完没了好奇的同学们。

一开始，我有点害怕父母会告诉我什么，而且因为有些问题对他们来说也难以探究，我不想让他们难堪。起初，爸爸、妈妈回答得很谨慎，想要保护我；当我渐渐长大，问得更多时，他们开始更深入地谈到自己的感受和恐惧，因为他们知道我已能承受。尽管如此，当妈妈提到我出生时她不想抱我，再怎么说，还是让我很难受。我已经够不安了，结果还听到自己的妈妈说她连看我一眼都没办法……那种感受，你自己想象一下吧。

当时我很受伤，觉得自己被排斥了，但接着我想到父母从那时开始为我付出的一切，他们已经多次证明对我的爱。在我们聊这些事情的时候，我已经够大了，可以设身处地为妈妈着想了。关于我的状况，除了她自己的直觉之外，怀孕过程中没有任何人预先警告过，因此可以想象当时的她会有多震惊、多害怕。如果我为人父母，面对这样的状况会有什么反应？我不确定自己是不是可以处理得跟他们一样好。我把这个想法跟父母说了，随着时间的流逝，我们的谈话也愈来愈深入。

我很高兴我们一直等到我有了足够的安全感，打从心底明白父母的爱时，才开始更深入地探索这些事情。近几年来，我们探究彼此的感受和恐惧，父母帮助我理解他们最初的反应，也让我知道，信仰是如何带领他们明白我的人生注定要遵从上帝的旨意的。我是个意志非常坚定，而且大部分时间都很乐观的孩子，我的老师、别的家长和陌生人常常跟我父母说，我的态度激励了他们。其实是因为我了解到，尽管我面对的挑战十分艰巨，但很多人的人生包袱却比我沉重。

今天，当我在世界各地旅行时，常会看到人们遭遇的各种磨难。我见过生重病的孤儿、被强迫卖淫的少女、穷到没钱还债而坐牢的男人等等。这让我对自己拥有的一切心怀感激，不会一直去注意我所缺失的东西。

苦难到处可见，而且常常是令人不可置信的残酷。然而，即使在最糟糕的贫民窟和最可怕的悲剧里，我还是看到人们不只是活着，而且从中茁壮成长，这让我觉得振奋。埃及首都开罗郊外有个叫“垃圾城”的地方，那是最烂的贫民窟，但我在那里却找到了欢乐。玛西耶特那塞地区位于一座高耸的悬崖边，有5万居民，“垃圾城”这个可悲却真实的称号及社区里的冲天臭气，都来自大多数居民赖以为生的工作——收集垃圾。他们每天都会翻遍开罗，把垃圾拖回来，然后在里面挑挑拣拣。他们在开罗1800万居民制造出来的几座山一般的垃圾堆里翻找、分类，希望从中挑出可以变卖、回收或再利用的东西。

那里的街道满是废弃物堆、猪圈和发臭的垃圾，这种情景会让你以为那里的人肯定活在绝望中。然而，2009年我到“垃圾城”去，却看到完全相反的情况。那里的生活当然很艰苦，但我碰到的人却很有爱心，充满单纯的喜乐，而且信心满满。埃及人民有九成是穆斯林，“垃圾城”是唯一以基督徒为主的地区，有将近98%的居民是科普特基督徒。

我去过世界各地最穷苦的贫民窟，“垃圾城”的环境算是最差的，但那里也是最温暖人心的地方。我和大约150个人挤在一栋很小的水泥建筑里，那是他们的教会。当我开始演讲时，听众向我散发出单纯的喜乐，让我很感动，我的人生极少如此充满祝福。当我告诉他们耶稣如何改变我的生命时，我感谢他们因为有信仰而得以超越环境。

教会领袖跟我谈到上帝的力量如何改变当地居民的生命。他们的盼望并不在于这个地上的生命，而是在永生。与此同时，他们仍然相信奇迹，并对上帝的存在与作为充满感恩。离开前，我们送给几个家庭一些米、茶和足够他们买几个星期食物的少量现金，也送给孩子们一些体育用品，比如足球和跳绳，他们马上邀请我们的团队一起玩球。尽管周遭一片脏乱，我们仍然欢笑连连，彼此都玩得很开心。我永远不会忘记那些孩子和他们的笑容，他们再次向我证明，只要全然信奉上帝，无论处于什么样的环境，都能过得快乐。

这些赤贫的孩子怎么还笑得出来？囚徒怎能欢唱？他们之所以能超越环境，是因为知道某些状况超出他们的理解与控制，因此他们把焦点放在自己可以理解与掌控的事物上。我的父母也是这样做的。他们决定信奉上帝的话语，继续往前走——上帝说："万事都互相效力，叫爱神的人得益处，就是按他旨意被召的人。"①

## 移民美国行不通

我父母都出生于原南斯拉夫的虔诚基督教家庭——那个地方现在叫塞尔维亚。因为政党的镇压，他们年轻时就分别跟着家人移民到澳大利亚。他们的父母都隶属使徒基督教派，信奉不带武器的教条。政党因信仰迫害他们，他们只能秘密聚会。而因为拒绝加入政党，他们的经济状况非常窘迫（政党把持了生活的各个方面），所以爸爸小时候经常挨饿。

"二战"后，我父母的家族都加入当时成千上万塞尔维亚基督徒的海外移民行动，移民地点包括澳大利亚、美国和加拿大等。我父母的家庭决定移民到澳大利亚，好让儿孙拥有信仰自由；家族其他成员则移民到美国和加拿大，因此我在这些国家也有许多亲戚。

我的父母在墨尔本的某个教会相遇。我妈妈，杜许卡，当时是护校的二年级学生；我爸爸，鲍里斯，则从事管理与会计工作，在正职之外，他后来成为一位带职牧师②。在我差不多7岁时，父母考量到装设义肢和照顾行动不

①《圣经 · 罗马书》第 8 章第 28 节。

②上过神学院，有牧师资格，但未专职当牧师，而是另有其他工作，不过平常也会四处宣教或讲道。

便的我的医疗需求，决定移民美国。

我叔叔贝塔·胡哲在靠近洛杉矶的阿格拉丘经营建筑及物业管理公司。贝塔叔叔常跟我爸爸说，只要爸爸能取得工作签证，他就可以给他一份工作。洛杉矶附近有一个很大的塞尔维亚裔基督徒社区，社区里有几个教会。对我父母来说，这里的确很有吸引力。虽然爸爸知道申请工作签证是个冗长的过程，但他还是决定申请，同时我们也举家北迁到昆士兰的布里斯班，因为那里的气候对我比较好——除了身体有一堆问题，我还有过敏的毛病。

差不多在我10岁、小学四年级的时候，移民美国的时机成熟了，因为父母认为弟弟亚伦、妹妹蜜雪儿和我的年龄应该可以融入美国的学校体系。我们在昆士兰等待爸爸的三年工作签证核发下来，等了18个月，我们终于起程了。

不幸的是，在加州的生活不算顺利，理由有几个。离开澳大利亚时，我已经开始上六年级，而在洛杉矶郊区的新学校学生很多，他们只能安排我进入高级班，这个班级所上的课程跟正规班不同，而且很难。我一直是个好学生，但到了美国之后，我得费好大的劲儿去适应学习上的变化。因为学校课程不同，我在加州算是进度落后的，所以追赶得非常辛苦。上了初中，不同的科目还要换不同的教室上课，跟澳大利亚不一样，这也增加了我适应上的难度。

我们搬去跟贝塔叔叔、丽塔婶婶和他们的六个小孩一起住，尽管他们在阿格拉丘的房子很大，但生活空间还是十分拥挤的。我们打算尽快有个自己的家，不过美国的房价比澳大利亚高多了。爸爸在贝塔叔叔的公司工作，妈妈则没有继续当护士，因为她并未取得加州的护士执照，而她之所以没去申请，是因为她认为应该花更多的时间帮助我们适应新学校和新环境。

与贝塔叔叔一家人生活三个月之后，父母觉得移民美国不大行得通。我在学校过得很辛苦，要安排我的健康保险也有困难。而为了照顾我们，妈妈得当个全职主妇，但加州的生活费用很高，靠爸爸的一份薪水很难过日子。另外，我们也担心可能无法取得美国的永久居留权。有个律师说，我的健康状况可能会增加取得居留权的难度，因为怀疑我们家不能应付庞大的医疗支出和照护费用。

在众多考量之下，在美国仅仅生活了四个月后，父母就决定搬回布里斯班了。他们甚至在之前住的同一条巷子里找到了房子，所以搬回来之后，我们几个小孩可以回到原来的学校和朋友圈里。爸爸在“科技与未来教育学院”教资讯与管理，妈妈则将她的生命奉献给了我们三兄妹，不过主要还是我。

## 充满挑战的童年

我刚来到这个世界时，妈妈曾害怕自己无力照顾我，爸爸则担心我前途坎坷，不晓得将来会过什么样的日子。他们思考过几种选择，甚至包括放弃我，送给别人收养，但最后认定全力抚养我是他们的责任。

他们哀伤过，然后试着尽量把我这个身体有障碍的儿子当个“正常”孩子来养。我父母拥有坚定的信心，他们总是想着，上帝给了他们这样一个孩子肯定是有理由的。

受伤后如果能多动一动，有些伤口会复原得比较快，人生的挫败也是如此。你或许失业了，结束了一段亲密关系，或是账单堆积如山，但不要让你的人生停留在这里，因为这样你会一直想着过去的伤痛，你应该去寻找前进的方法。也许前面有更好、更能让你发挥所长并获得回报的工作等着你；也许你的亲密关系需要“改组”，或者还有更适合你的人；也许财务上的困难会刺激你用更具创意的方式节省开支、累积财富。

人生的遭遇难以控制，有些事情不是你的错，也不是你可以阻止的。你能选择的不是放弃，而是继续努力争取更好的生活。我希望你知道，事情会发生总有理由，而最后，结果会是好的。

年纪还小的时候，我想当然地认为自己是个可人儿，就像世上任何一个迷人的可爱小孩一样——我的天真无知在那个年纪真是个福气。我并不知道自己跟别人不同，也不知道人生路上有各种挑战等着我，我甚至不认为我会被赋予处理难题的权利。我向你保证，每一个你自认无能为力之处，其实都有祝福，里头有着足够的能力，带你度过挑战。

上帝也为我配备了惊人的决心和其他恩赐。很快地，我证明了即使没有手脚，我依然行动敏捷，并具备良好的协调性。我整个人只有躯干，但也像个小男婴，是个滚动、到处冲撞的危险人物。我学着让身体直立，方法是用前额顶住墙面，然后使劲向上移动。长久以来，父母试着教我各种比较舒服的方法，但我总坚持要自己解决问题。

妈妈试着在地板上放软垫，这样我就可以用垫子撑住自己，再爬起来。不过基于某些理由，我还是决定用额头抵住墙壁，再一寸一寸地立起身子。用自己的方法起身虽然很困难，但现在也成了我的注册商标喽!

早年，善用我这颗头是我唯一的选择，这让我在头脑发达（开玩笑了）之余，也赋予我的脖子如印度圣牛般的力量，还让我的额头硬如子弹。

当然，我的父母常常为我担心。其实就算孩子四肢健全，为人父母也是一个充满惊吓的体验。新手父母常开玩笑说，希望孩子出生时能附上使用手册，但就算史波克医师[①]的畅销书也没有任何一章谈到该怎么带我这种婴儿。不过，我还是顽强地长大了，愈来愈健康，胆子也愈来愈大；到了“猫

---

① Dr. Spock，著名的美国小儿科医师，权威育婴宝典作家。

狗都嫌”的两岁阶段，我给父母带来的恐怖经验，比一组八胞胎还多呢。

他要怎么吃东西？他要如何上学？如果我们发生了什么事，谁来照顾他？他要怎么独立生活？

人类的推理能力可以是个祝福，也可以是个诅咒。你可能也像我父母一样，想到未来就苦恼、发愁。不过，事情通常不会如我们想象的那么严重。未雨绸缪没什么不好，但你要知道，最可怕的梦魇可能会变成最棒的惊喜，人生很多事的最后结果经常是美好的。

我童年最棒的惊喜之一，是学会掌控我那只小小的左脚。起先，我出于本能地用它来滚、踢、推和撑住自己，但父母和医生认为这只便利小左脚应该可以发挥更大的作用。我的小左脚有两个趾头，不过自我出生时它们就黏在一起，而父母和医生认为动个小手术分开这两个趾头，会让它们使用起来更像手指，可以做些握笔、翻页之类的事。

当时，我们住在澳大利亚的墨尔本，那里可以提供某些这个国家最棒的医疗照护，但我带来的挑战超过大部分医护人员所受的训练。当医生准备为我的脚动手术时，妈妈提醒他们，我大部分时间都在发烧，一定要特别提防我身体过热的状况。她知道有一个没有四肢的孩子在手术时因为体温过高引发脑部癫痫，而留下脑伤的后遗症。

因为我的身体常常会自动发热，所以我家很流行一句话：“当力克觉得冷的时候，鸭子都冻僵了。”这可不是开玩笑，如果我运动得太厉害、压力大，或者在炙热的光线下待太久，我的体温会上升到危急状态，所以我必须一直提防自己别被融化了。

“请小心监控他的体温。”妈妈提醒医疗团队。尽管知道我妈是护士，医生们还是没把她的话当一回事。我脚趾的分割手术很成功，但妈妈警告过的事还是发生了。离开手术室时，我全身湿透，因为医护人员没有采取任何预防我体温过热的措施。因此，当他们猛然发现我体温失控时，就赶紧用湿毯子包住我，想让我冷却下来，甚至用好几桶冰块降温，以防我发生癫痫。

妈妈气炸了，医生确确实实地感受到我妈杜许卡的愤怒！

不过，当我冷静下来（真的是“冷”静下来），我的生活品质的确因为两个脚趾头分开而提升了。它们没办法像医生期望的那么好用，但我会调适。对一个没手没腿的小伙子来说，这么一只小脚和两个趾头已经非常管用了。这个手术加上新科技，使我得以操作量身定做的电动轮椅、电脑和手机，行动更加自由。

我不知道你的重担是什么，也不会假装自己碰到过类似的难关，但看看我父母在我出生时所经历的，想象一下他们当时的感受吧。对他们来说，未来是多么凄凉无望啊。

或许你目前正处于黑暗的隧道中，看不到尽头的光明，但你知道吗？当年，我父母也无法想象有一天我会过着如此美妙的人生。他们当时一定不知道，儿子不但可以自给自足，而且还过着快乐、充实、喜悦且有目标的生活。

我父母最害怕的事，其实大部分都没发生。养育我当然不容易，但我相信他们会告诉你，即使经历种种挑战，我们的生活还是充满欢笑与喜乐。总的来说，我的童年生活很正常，很爱折磨弟弟亚伦和老妹蜜雪儿，就像大部分的哥哥一样。

你现在的生活或许一团乱，不知道明天是否会更好，但我要告诉你，只要拒绝放弃，就会有超乎想象的美好在前方等着你。请把焦点放在你的梦想上，尽你所能去逐梦；你有改变环境的力量，所以就去追求你真心的渴望吧，无论那是什么。

我的人生是个还在书写中的冒险——你的也是。现在就开始书写你生命的第一章，用冒险、爱和快乐填满它，并好好活出你所写的人生故事。

## 我不必变得“正常”，只要做“我自己”

我承认，有好长一段时间，我根本不相信我有能耐左右自己故事的结果。我努力想知道自己能为这个世界带来什么改变，或者自己该走上哪一条路。在成长过程中，我确信这副畸短身量占不到什么便宜。没错，我是不会因为还没洗手就不准上餐桌，也永远不会因为踢到脚趾头而痛得半死，但这少数几种好处似乎无法给我太多安慰。

我弟弟和妹妹及那些疯狂的堂兄弟姐妹永远不会让我陷入自怜的状态。他们不会宠我，而是照我本来的样子接纳我，但也会耍我、整我，让我变得坚强，这样我才能在自己的境况中保持幽默感，而不是沉溺于苦涩。

我的堂兄弟姐妹会在大卖场指着我大叫：“看看那个坐在轮椅上的小孩，他是个外星人耶！”然后，我们会看着陌生人莫名所以的反应，一起笑得歇斯底里。这些路人不知道这个肢障孩子跟那些对着他指指点点的小孩，根本是同一国的。

年纪愈大我愈了解到，可以被这样爱着，是个多么棒的礼物。或许有时你会觉得孤单，但你要知道，你也是被爱着的，而且上帝创造你就是出于爱，所以你永远不会是孤单一人。当你感到孤独、沮丧时，请提醒自己，上帝对你的爱是无条件的，他永远都爱你。要记住，那些感觉就只是感觉，它们不是真的，但上帝的爱是真实的，他创造了你，就是为了证明他的爱。

在内心深处持有上帝的爱是非常重要的，因为你有时会很脆弱。我的大家庭不可能永远保护我，一旦去上学，我与众不同的样子就无所遁形了。虽然爸爸向我保证，上帝在创造时从不失手，但有时我也难免会想，我该不会就是那个例外吧？

我问上帝：“为什么你不能给我一只手？想想看，有了一只手，我能做多少事呀！”我相信你也曾经祷告或祈求生命出现某种戏剧性的转变。如果此刻你所期望的奇迹还没出现，或者愿望尚未实现，你无须焦虑，请记住：天助自助者。要不要继续发挥所长，努力追求人生的最高目的和梦想，完全取决于你。

长久以来，我一直在想，假如我的身体可以“正常”一点，那人生可就轻松多了。但我不了解的是，我不必变得“正常”，我只要做“我自己”，做我爸爸的小孩，实现上帝的计划就可以了。刚开始，我不愿正视这个事实：错的并不是我的身体，而是我对自己的人生设限，因而限制了我的视野，看不到生命的种种可能。

如果你还没走到你想要的境界，或是还没实现自己的希望，主要原因很可能出在你身上，而不是你的周遭。负起责任、采取行动吧。然而，首先，你必须相信自己，相信自己的价值，不能躲起来干等别人发现你，也不能坐等奇迹或“时来运转”。请想象世界是一锅热汤，而你是一支棍棒——搅动起来吧！

当我还是个小男孩时，我的睡前祷告常常是祈求有四肢。我会哭着上床，然后期待第二天一早起来身上就奇迹似的出现手和脚——当然，这种奇迹永远不会发生。而因为无法接受自己，第二天去上学时我就发现，要让别人接纳我，也很困难。

就像大部分的孩子一样，十二三岁以前的我比较容易受到伤害，这个年纪的小孩总是在烦恼自己是谁、未来在哪里、如何融入周遭生活。那些伤害我的孩子不是存心使坏，只是个性大大咧咧罢了。

“你为什么没手没脚？”他们会这么问。

我像其他同学一样渴望融入人群。心情愉快时，我用机智、风趣让大家服气，开自己玩笑、在操场上把身体甩来甩去；难受时，我会躲在树丛后面或空荡荡的教室里，免得被人伤害或嘲弄。问题有一部分出在我和成年人及堂哥堂姐相处的时间比和同龄小孩多，所以观点较成熟，而我那些比较严肃的念头，有时会让我变得悲观、阴郁。

> 永远不会有女孩爱上我，我甚至无法牵女朋友的手。如果我有小孩，我也永远没办法抱他们。我能做什么工作？谁会雇用我？对大部分的工作来说，雇用我等于还得雇用第二个人来协助我做我该做的事——谁会用两份薪水请人来做一人份的工作？

我面对的挑战主要是生理上的，但很显然，这也影响了我的情绪。我小时候经历过一段可怕的沮丧期。接着，当我进入青春期，我逐渐被接受——首先是我自己接受自己，然后是他人的接纳。对此，我总是感到惊讶与感谢。

每个人都有过被排斥、孤立、得不到爱的经历，这时都会心有不安。大多数孩子担心自己因为鼻子太大或头发太卷而被人嘲笑，大人则担心无法支付账单，或者不能达到期望。

你会有怀疑、害怕的时刻，我们都有。情绪低落是很自然的，是人就会这样，但如果你让这类负面感受逡巡不前，而不是不动于心，那就危险了。

当你相信自己拥有可以与人分享的恩赐——你的天赋、知识和爱时，就会展开自我接纳的旅程，即使你的才能还不是那么明显。一旦你开始以这样的姿态行走人生，其他人会发现你，并且与你同行。

## 走出角落，主动接近他人

在试着与同学接触时，我找到了那条通往人生目标的路。如果你也曾是那个躲在角落，自己一个人吃午餐的“新同学”，我相信你一定能够了解，坐在轮椅上只会让这整件事更难熬。我们从墨尔本搬到布里斯班、到美国，然后又回到布里斯班，这些迁移过程带来新的挑战，迫使我必须不断调适。

每到一处，通常我的新同学都会认为我的脑袋跟身体一样有障碍。除非我鼓起勇气，主动在午餐时间或在走廊上找同学说话，否则他们就会跟我保持距离。我愈是去接近他们，大家就愈能接受我，而不会把我当成天外飞来的外星人。

你看，上帝有时也希望你能帮忙摆脱重担。你可以渴望、可以梦想，但你也必须针对这些渴望和梦想采取行动，尽可能地伸展自己、超越现状，以到达你想去的地方。我希望学校里的人知道我的内在世界和他们是一样的，那我就必须走出我的舒适区，让他们了解我。“走出去”接触他人这件事带来了很棒的回报。

我跟同学之间会讨论到，我如何在这个其实是为有手有脚的人设计的世界生活，而这些谈话让我后来有机会到学生社团、教会青年团体和其他青少年组织等地方演讲。有一件对生活很重要的事，学校却没教：我们每个人都有某项恩赐，如某种才能、技艺、手艺、让人开心或投入的本领等等，而通往快乐的路常常就在那份恩赐之中。

如果你还在寻找容身之处，还在试着弄清楚哪些事物可以满足你，我建议你先做个自我评量：拿出纸笔或坐在电脑前，写下你最喜欢的活动；你会被什么样的事吸引；你的时间都花在哪些事情上；什么事会让你花上大把的时间，忙到天昏地暗，却还是想要一做再做。接着思考一下，别人在你身上看到了什么？有没有人夸奖过你，说你有组织或分析的才能？如果你不是很确定别人看到了你的什么特质，不妨问问家人和朋友，你最擅长的是什么。

这些都是找到人生之路的线索，而这条路就隐藏在你体内。我们全都一无所有却充满希望地来到这个世界，人生路上有许多等着被打开的礼物。当你发现某件事能让你投入，就算没有报酬，你也愿意做上一整天，天天做也行，这就是了；而如果有人愿意付钱让你做这件事，那你就有个事业了。

一开始，我对其他年轻人所进行的非正式小型演讲是我接触他们的方式，好让大家知道我跟他们一样。我把注意力放在自己之内，并对于有机会分享我的世界并与他人产生联结充满感恩。我知道演讲对我的意义，但是要过一阵子之后，我才明白我要说的可能会给其他人带来冲击。

## 原来我的演讲可以帮助人

有一天，我对着大约300名青少年演讲，那大概是听众最多的一次。正当我在分享自己的感受和信仰时，发生了一件奇妙的事。通常当我谈到我面对的挑战时，偶尔会有学生或老师流泪，但那一次，有个女孩竟然崩溃到大哭。我不太确定到底发生了什么事——我该不会触动她某段糟糕的回忆了吧？但尽管悲伤流泪，这个女孩依然鼓起勇气举手发问，说她可不可以到前面来拥抱我。哇，我好惊讶。

我邀请她上来，她擦干眼泪走到台前，给了我一个超大的拥抱，这是我这辈子最棒的拥抱之一。这个时候，屋子里的所有人几乎都热泪盈眶，包括我自己。她在我耳边轻声地说："从来没人告诉过我，我这个样子就很漂亮，也没有人说过他爱我。你改变了我的生命，而且，你也是个漂亮的人。"

在那之前，我还常常怀疑自己的价值，觉得我不过就是把这种小小的演讲当作接触其他青少年的通道而已，然而这个女孩竟然说我"漂亮"（而且并无恶意）。最重要的是，她是第一个让我隐约感觉到，我的演讲可以帮助别人，这女孩改变了我看事情的观点。“或许我真的有些什么可以贡献出来。”我心想。

类似这样的经验让我了解到，我的与众不同正好可以让我对这个世界有特殊贡献。我发现别人愿意听我演讲，是因为他们只要看着我，就知道我经历并克服过什么样的困难。

人们直觉地认为我应该可以说些什么，来帮助他们渡过自己的难关——在这方面，我还算有说服力。

上帝通过我进入不计其数的学校、教会、监狱、孤儿院、医院、体育馆和会议厅，接触到许多人。更棒的是，我曾经面对面拥抱过数以千计的朋友，让他们知道自己有多珍贵。同时，我也很开心可以告诉他们，上帝对每个人的生命的确有所计划。上帝使用我这个奇特的身体，并让我具备振奋人心、鼓动心灵的能力，就像他在《圣经》里说的：“我知道我向你们所怀的意念是赐平安的意念，不是降灾祸的意念，要叫你们未来有指望。”①

## 要不要站起来，完全取决于你

无疑地，人生看来很残酷，有时衰事连连，让你看不到出路。你可能很想相信雨过终会天晴，但就是很难说服自己事情真的会如此。

事实上，你我这样的凡人，视野很有限，根本看不清楚前头有什么——这是坏消息，也是好消息。我想告诉你的是，未来可能远比你所能想象的要好，但是要不要忘掉不愉快的事，站起来好好表现，完全在于你自己。

---

①《圣经·耶利米书》第29章第11节。

无论你是想让生命好上加好，还是你的人生糟到你只想赖在床上什么都不做，从这一刻之后，所发生的一切都取决于你和那位造物主。是的，你无法控制一切，有时好人也会遇上坏事，出生的命不好或许对你有些不公平，但如果这是你所处的现实，你就得面对它。

你可能走得跌跌撞撞，别人或许会怀疑你。当我选择以演讲为业时，连我父母都质疑我的决定。

“你不觉得从事会计工作会比较适合你的状况，也能让你有个比较好的未来吗？”爸爸问道。

没错，从许多方面来看，选择会计业确实比较合理，毕竟我的数字能力十分出色，不过从很早开始，我就十分热切地想与人分享对于更美好人生的信仰与盼望。当你找到生命真正的目标时，热情就会随之产生，你就会为了追求这个目标而活。

如果你还在找寻人生道路，你要知道，出现挫折感是很正常的。这是一场马拉松，不是短距离赛跑。你渴望活得更有意义，就表示你还在成长，还在超越极限，发展自己的天赋才能。时时检视自己身在何处，并思考自己的行动和优先顺序是否符合你的最高目标，是很健康的做法。

## 一个同样没手没脚的小男孩

15岁那年，我与上帝和好，恳求他的宽恕与带领，请他为我照亮通往人生目标的路。受洗4年之后，我开始演讲，与许多人分享我的信仰。这时我知道，我已经找到自己的天职。我的演讲和传福音工作逐渐国际化，就在几年前，发生了一件令我意想不到的事，振奋了我的心，也让我更确信自己选择了正确的路。

某个寻常的星期天上午，我走进加州一家教会准备演讲。我常在世界许多遥远的角落演讲，但这次很靠近家，诺特街教会就在我家那条路上。

聚会开始了，我坐上轮椅，诗班开始献诗，而我往前头坐，准备开始演讲。会众陆续涌入这个大教堂，这是我第一次对诺特街的人演讲，我想他们应该也不太认识我，但我很惊讶地在诗班的歌声中听到有人喊着我的名字：“力克，力克！”

我认不出那个声音，甚至不确定我就是那个“力克”。当我转身时，看见一位年老的男士对我挥手。

“力克，这里！”他再次喊着。

在挤满人的教堂里引起我的注意之后，他指向身旁一位较年轻的男子，那名男子手上抱着一个小孩。因为人群拥挤，起初我只看到那个学步中的孩子明亮的双眼、浓密闪亮的棕发，以及笑脸上露出的大牙缝。

然后年轻男子把孩子举高，好让我看得更清楚。完整地看到那孩子之后，一阵强烈的感觉流过我，让我两条腿几乎站不住（如果我有腿的话）。

那个双眼明亮的男孩跟我一样，没有手，没有脚，只有一只小小的左脚掌——这也跟我一样。虽然只有19个月大，但他完全就像我，于是我明白为什么那两个男人急着找我。稍后，我得知那个男孩叫丹尼尔·马丁尼兹，是克里斯和派蒂的儿子。

那时，我本来应该在准备演讲，但是看到丹尼尔——看到那孩子身上的我——触动了令人眩晕的感受，让我难以思考。一开始，我对他和他的家人心生怜悯，但尖锐的记忆与痛苦的情绪接着向我袭来，仿佛我又被带回自己在那个年纪所感受到的一切。我知道，丹尼尔一定也经历过同样的事。

“我知道他的感觉，”我想着，“我已经体验过他即将经历的。”

看着丹尼尔，我感受到一股奇妙的联结，涌起了同理心。

不安、挫折、孤独等等过往的感受淹没了我，让我窒息，我觉得自己快被讲台上的灯光烤焦了，头昏眼花。那并不是恐慌，而是眼前这个男孩触动了我那颗孩子的心。

然后我突然灵光乍现，并感受到平静安稳。我心想："在成长过程中，我从来没有遇见过跟我有同样处境的人好给我指引，但现在有了丹尼尔。我可以帮助他，而我的父母可以帮助他的父母。他不必经历我所经历的，或许我可以让他少受一些我受过的苦。"没有四肢的人生有多辛苦，我当然清楚，但我的生命仍然具有可以与人分享的价值。我所缺失的无法阻止我在这个世界引起一些改变。我喜欢激励别人、给人勇气，或许我无法如愿改变这个世界太多，但我依然确定自己的生命没有被浪费。我下定决心要有所贡献，你也应该相信自己有这样的力量。

人生没有意义就没有希望，没有希望就没有信心。如果你找到贡献一己之力的方式，就能找到生命的意义，接着，希望与信心会自然来到，并陪伴你走向未来。

我到诺特街教会本来是为了鼓舞别人，虽然一开始见到一个跟我如此相像的小男孩出现在人群中，让我心神大乱，但他让我再次确认我可以改变许多人的生命，特别是那些遭遇巨大挑战的人，例如丹尼尔与他的父母。

这次的碰面实在太让我震撼了，我必须和那天的会众分享我的所见所思，因此我请丹尼尔的父母将他带上台来。

"生命没有巧合，"我说道，"每次呼吸、每个步伐，都是上帝的旨意。这个房间里有另一个男孩同样没手没脚，这并不是巧合。"

丹尼尔在我说话时开心地笑了起来，吸引住教堂里每个人的目光。当丹尼尔的父亲扶着他，让他直立地和我并排在一起时，会众陷入沉默。有着共同困境的年轻男子和小婴孩，他们正彼此微笑相对，此情此景让教堂里出现了啜泣和吸鼻水的声音。

我不是很容易哭的人，但是当周围的人都涕泗纵横时，我也忍不住流下泪来。记得那晚回到家，我不发一语，一直想着那个小男孩，想着他一定也体会到了我在那个年纪曾有过的感受。我还想到，当他慢慢意识到自己的状况，当他遇到我经历过的残酷行为和排斥时，会有什么感觉？我为他可能会承受的痛苦感到难过，但后来想到我和我的父母可以帮助他减轻负担，甚至为他带来希望，就觉得很振奋。

我等不及要告诉父母这件事，因为我知道他们一定也很想认识这个男孩，为他和他的父母带来希望。爸爸和妈妈在没有任何指引的状况下经历了许多事，我知道他们会非常感谢能有机会帮助这个家庭。

## 上帝真的对我有所计划

这真是超现实、令人惊奇的一刻。我说不出话来（这很罕见），而当丹尼尔抬头看着我时，我的心都融化了。我想起我小时候从没见过像自己这样的人，所以很想知道不是只有我这样，很想知道我和地球上的其他人并无不同。我觉得没有人可以理解我所经历的，也没人能体会我的痛苦或孤独。

回想起小时候，当我知道自己跟别人真的很不一样时，我承受了极大的痛苦；当别人嘲笑我、躲开我时，痛苦更上一层楼。然而此刻与丹尼尔在一起，我感受到上帝无限的仁慈、荣光和力量，而跟这些仁慈、荣光和力量相比，我所受的痛苦根本不算什么。

我当然不希望自己生理上的障碍出现在任何人身上，所以我为丹尼尔感到悲伤。然而我也明白，上帝把这个小男孩带来给我，是为了让我减轻他的负担。上帝仿佛对我眨了眨眼，说："看到没？我对你真的有所计划了。"

## 我受到鼓舞

当然，我不是对每件事都有答案。我不知道你所面对的特定痛苦或难关；我缺手少脚地来到这个世界，却从未体验过被虐待或忽视的感受；我不必应付家庭破碎的问题，从未失去双亲或手足。有很多更糟糕的事我都没经历过，我确定我在很多方面都比许多人如意。

当我看见丹尼尔在教堂的人群之中被举起，那真是改变我生命的一刻，因为我知道自己已成为那个我所祈求的奇迹。上帝没有给我那样的奇迹，但他把我变成奇迹，给了丹尼尔。

遇见丹尼尔时，我24岁。那天稍晚，他的妈妈派蒂抱住我，说自己仿佛走进未来，拥抱着已经长大的儿子。

"你一定不知道，我一直向上帝祷告，请他给我一个神迹，让我知道他没有忘了我和我的儿子。"她说着，"你是奇迹，你就是我们的奇迹。"

那一天，我父母正在从澳大利亚来美国的路上，那是他们在我一年前移居美国后第一次来访。几天后，父母和丹尼尔及他的父母见了面——你应该想象得到，他们有聊不完的话题。

克里斯和派蒂认为我是丹尼尔的祝福，而我父母是他们更大的祝福。谁比我父母更适合指引他们如何养育一个没手没脚的孩子？我们能为丹尼尔的家人带来的不只是希望，更是明确的证据，证明丹尼尔可以过相当正常的生活，而且他也会找到注定要与人分享的福分。

我们很有福气，可以跟他们分享经验、鼓舞他们，向他们证明没有四肢依然可以活得毫不受限。

同时，精力充沛的丹尼尔也是对我的祝福，因着他所拥有的能量和喜悦，他带给我的远远超过我给他的。这是另一个完全在我意料之外的回报。

## 奉献自己，会得到最大的回报

因为生病，海伦·凯勒在两岁前就失去了视力和听力，但她很努力，成了世界知名的作家、演说家和社会活动者。这位伟大的女性曾说，真正的快乐来自“忠于一个有价值的目标”。

这句话是什么意思？对我来说，这意味着忠于自己的天赋，让天赋发展，并和他人分享，然后从中获得喜悦；也意味着不再追求自我满足，而是去追寻意义与圆满。

当你奉献出自己，会得到最大的回报。这表示要去改善别人的生活、参与某件无私的事、创造正向的改变。你不必成为德蕾莎修女才能做到这些，就算你是个“残缺的人”，也可以产生影响力。请看这位在“没有四肢的人生”网站上留言的年轻女孩怎么说的吧。

亲爱的力克：

哇，我不知道怎么开场耶，我想还是从自我介绍开始好了。我今年16岁，之所以写信给你，是因为你的DVD——《我和世界不一样》为我的人生和复原带来了极大的影响。我说的“复原”，指的是我正从饮食失调，也就是厌食症当中逐渐康复。去年以来，我多次进出疗养中心，状况很糟。最近，我刚从一家位于加州的疗养所出院，我就是在那里看了你的DVD。我从未感觉如此被鼓舞、如此积极，你真的让我很惊讶。

你的一切都这么棒、这么正面，从你口中说出的每个字都对我产生了一定的影响。我这辈子从未如此感恩。有好几次，我觉得自己的人生已走到尽头，但现在我知道每个人的生命都有个目的，也明白人应该尊重自己本来的样子。

说实在的，对于你的DVD所带给我的鼓励，我怎么谢你都不够。我期待有一天可以见到你，希望在我死之前可以实现这个梦想。你具备一个人所能拥有的最棒的人格特质—你让我开心大笑（这对复原中的人是很难得的）。

因为你，我现在坚强多了，也逐渐意识到自己是谁，不再那么在意别人怎么想我，也不再老是贬低自己了。你教会我如何把负面事物转为正面，谢谢你拯救了我的人生，让我的生命转了一个弯。我真是太感谢你了——你是我的英雄！

## 请尽量使用我吧

我收到过很多类似的信，真的非常感恩。对于童年时期十分沮丧的我来说，这种状况真的很奇特，因为那时我觉得我连享受自己的生命都谈不上，更别提帮助别人享受他们的生命了。你或许还在追寻生命的意义，但我认为如果服务他人，你就能获得满足——我们每个人都希望好好运用自己的才华、知识，让他人受惠，而不只是拿来赚钱吧。

在今日的世界，即使大家都十分清楚，物质上的成就并不代表心灵上的满足，但我们仍须一再被提醒：圆满的人生与拥有财物没有关系。人们会试图用各种奇怪的方法得到满足感：喝酒、嗑药麻痹自己；扭曲身体以迎合某些霸道的“美”的标准；一辈子拼命工作，以求达到成功的巅峰，但这种成功往往一瞬间就会毫不留情地离去。大部分有智慧的人都知道恒久的幸福没有捷径，如果你把宝押在短暂的快乐上，就只能得到短暂的满足。你付出什么，就会得到什么——廉价的刺激得来容易，但是今天还在，明天就消失了。

生命的重点不是拥有，而是存在。你可以用钱能买到的所有东西把自己团团围住，但你依然会是最可悲的人。我认识一些四肢健全且身材完美的人，他们的快乐却不及我的一半。四处旅行时，我在孟买贫民窟和非洲孤儿院里看到的喜乐，老实说，比我在那些管理森严的高档社区和价值几百万美元的豪宅里看到的还要多。

为什么会这样?

当你的天赋与热情找到交集，全然发挥时，你会获得满足。请认清速食般的自我满足的真面目，抗拒物质世界的诱惑，例如豪宅、最炫的衣着，或最热门的车款。“如果我有……就会很快乐”症候群是个大骗局，如果你只在物质事物上寻找快乐，那么东西再多也不够。

不要把注意力全部放在物质上，要看看生命的所有层面，向内观看。

当我还是个小男孩时，我常常在想，如果上帝给我双手双脚，那我从此以后一定可以过着幸福快乐的生活。这种想法不算自私吧，毕竟手脚是“基本配备”呀。不过就像你知道的，没有这些附件，我发现自己也可以很快乐、很满足。

丹尼尔让我再次确认这件事，和他们一家人接触的经验提醒了我，我为何存在于这个世界上。

父母一到加州，我们就一起去丹尼尔家拜访。我和父母花了好几个小时跟他的父母聊天，交流彼此的生活经验，也提到丹尼尔未来会碰到的事，以及过往我们是怎么处理的。

就从那时开始，我们之间建立了坚固的联结，直到今天。

一年后，我们再次碰面，丹尼尔的父母提到，医生觉得他还没准备好拥有一部像我的一样的特制轮椅。

“怎么会？”我问，“我也是在丹尼尔这个年纪就开始自己操作轮椅的呀。”

为了证明我的论点，我跳下轮椅，让丹尼尔坐上来，他的小左脚恰好能配合那支操纵杆。他爱死了，操作得很棒呢！

就因为有我们在那里，丹尼尔才有机会向他父母证明他可以操控特制轮椅——这是我知道我能通过自身经验带给他的许多协助之一。可以为丹尼尔带路，我真是有说不出的激动。

那天，我们给了丹尼尔一件珍贵的礼物，但他给我的回馈更棒——他的喜悦让我感受到无可比拟的充实圆满。不是豪华轿车，也不是大宅邸，没有什么东西比与上帝同行，实现他对我们的人生计划更棒的了。

礼物还在继续送出去。后来又去拜访丹尼尔一家人时，父母提到以前很担心我会因为没手没脚浮不起来，而溺死在浴缸里，所以当我还是个婴儿时，他们帮我洗澡时就会非常小心。但是，等我大一点，爸爸会在水中轻柔地托住我，让我知道其实我浮得起来。久而久之，我变得愈来愈有自信和冒险精神，还发现只要在肺里保留一些空气，我就能很轻易地浮在水面上。我甚至学会了利用小左脚帮助自己在水中前进，就像推进器一样。想象一下，当我父母看到我在水里面会有多惊恐，而我变成一个看到泳池就要跳进去的游泳狂，又让他们有多诧异了。

我们后来很高兴地知道，丹尼尔开始学讲话时，最先说出的几句话之一就是："像力克一样游泳！"现在，他也成了游泳狂，这真是太棒了。看到丹尼尔从我的经验中受益，赋予了我的生命更深刻的意义。就算我的故事没有打动其他任何人，但有了丹尼尔这一句"像力克一样游泳"，也足以让我人生所经历的一切苦难变得值得。

认清你生命的目的是最重要的事，而且我向你保证，你肯定也可以有所贡献。或许现在还看不出那是什么，但你要知道，如果没有什么可贡献，你就不会出现在这个地球上。

我十分确定上帝不会制造错误，但他会创造奇迹。我是一个，你也是。

# LIFE WITHOUT LIMITS

第二章

## 没手没脚，没有限制

在行走人生和旅行各地的途中，我常常见证人类心灵令人难以置信的力量。我确信世上有奇迹，但奇迹只会发生在抱持希望的人身上。什么是希望？希望是梦想的开端；希望为你的人生目的发声，跟你说话，告诉你无论外在环境发生什么，这些都不存在于你之内。或许发生在你身上的事是你无法控制的，但你可以决定如何回应。

马丁·路德·金牧师说过：“这世上每一件完成了的事，都是在希望中完成的。”我确信只要仍有呼吸，你就有希望。你我只是凡人，无法看到未来，而只是描绘出未来的各种可能。只有上帝知道每个人的生命将如何开展，而希望就是它赐给我们的礼物——一扇看向未来的窗子。我们不知道上帝为每个人计划的未来是什么，但请相信它，心存盼望，即使面临最糟的状况，也要尽全力为最好的结果做准备。

当然，有时祷告会得不到回应，即使祈祷、抱持信心，不幸的事还是会发生。就算是最好、心灵最澄澈的人，有时仍会经历可怕的失落与痛苦。陆续发生在海地、智利、墨西哥和中国的严重地震就提醒了我们，巨大的苦难与悲剧每天都在发生。数以万计的人在这些自然灾难中丧生，他们的希望与梦想也随之埋葬，很多母亲失去了孩子，许多孩子失去了母亲。

如何在这样的苦难之中依然抱持希望呢？当我听到这些可怕的灾难时，

有一种想法支撑着我：如此残酷的悲剧往往会触动人类惊人的关爱之心。当你正在怀疑为何在这些无意义的苦难中，还能心存盼望时，盼望就化作庞大的志愿者团队出现了——学生、医生、工程师，以及许多救难人员和重建者涌入灾区，全力贡献所长以帮助幸存者。

即使在最糟糕的时刻，依然会出现希望，证明上帝的存在。跟我遇到的许多人比起来，我个人所遭遇的苦难实在小得多，但我也曾经因为失去挚爱而悲伤。尽管我们家族、教会与社区所有虔诚的基督徒都真诚地祷告，我的堂哥罗伊还是在27岁时死于癌症。与自己如此亲近的人离世，让人心碎，也难以理解为何会发生这种事，这就是心存盼望对我很重要的原因。你知道，我的盼望已超越地上生命，终极的盼望在天堂。笃信耶稣基督的罗伊此刻与耶稣同在天堂，而且不再受苦——这样的盼望大大抚慰了所有家人的心。

即使面对的恶劣状况似乎已超过个人能力，但上帝知道我们能承受多少。我相信地上生命只是短暂的，是为永生做准备的；无论现在的人生是好是坏，天堂的承诺都在等着我们。在最困难的时光里，我总希望上帝会赐给我力量，以承受这些磨难与心痛；我相信好日子就在前方，如果不是在地上，那肯定在天堂。

在祷告未得应允时，我有个很棒的方法可以让自己继续挺住，那就是走出去接触其他人。如果你的痛苦是个负担，就去减轻别人的痛苦，带给他们希望，鼓励他们，让他们因为知道自己并不是孤独地承受苦难而得到安慰。当你需要安慰时，给别人安慰；当你需要友谊时，成为他人的朋友；在你最需要希望时，给人盼望。

我还年轻，不想假装自己无所不知，但我愈来愈了解，当绝望蔓延、当我们的祷告没有得到回应、当我们最深的恐惧成真时，救赎的力量就在我们和周遭人的关系之中，也在我们与上帝的关系中，以及我们对他的爱与智慧的信任里（对我和基督徒来说更是如此）。

## 容光焕发的地震孤儿

2008年的中国行，让我更相信希望拥有战胜绝望的力量。那次旅行，我看到了长城，并且对这个世界奇景的宏伟壮观深感惊奇。但我最感震撼的时刻，是我见到一个年轻的中国女孩眼中那愉悦的微光。那时，她正和其他孩子共同演出一场可说是奥运等级的表演，而这女孩喜悦的表情引起了我的注意，让我无法移开目光。在精确地与其他人一起舞动的同时，她还得平衡头上的转盘，尽管必须非常专注地思考每个步骤，她的脸上仍流露出强烈的快乐，让我感动得落泪。

你知道，这个女孩和其他一同表演的孩子都来自一所超过4000人的孤儿院。2008年5月，中国发生了一场严重的地震，这所孤儿院就收容了众多因地震成为孤儿的孩子。我和我的看护及协调这次行程的人带来一些物资，想送给这些孤儿，并且我应邀演讲，鼓励这些孩子。

前往孤儿院的途中，看到地震造成的伤害与苦难，让我心神震撼。面对如此惨状，我有点担心不知要跟这些孤儿说什么。大地裂开，吞噬了他们所爱、所认识的一切——我从未承受过如此可怕的事，我能对他们说些什么？我们带来一些保暖的衣物，但我要如何给他们希望？

抵达之后，我被一群人簇拥着进入孤儿院，孩子们一个接一个拥抱我。我们语言不通，但不要紧，他们的神情已说明一切。在这样的环境中，他们依然容光焕发，我根本不必担心该说些什么来帮助他们。不是我鼓舞了这些孩子，那天，是他们通过表演中那昂扬的精神激励了我。这些孩子失去双亲、失去家、失去一切，但他们依然表达了喜悦。

我告诉这些孩子，我很敬佩他们勇敢的精神，也鼓励他们继续向前看，大胆期盼有一个更美好的人生，尽全力追求自己的梦想。

## 未来会有好日子的概率怎么可能是零

要具备追求梦想的勇气，无论遇到什么挑战都不要怀疑。不只在中国的孤儿院，我在孟买的贫民窟和罗马尼亚的监狱里也看过人们超越环境的惊人能力。最近，我到韩国一个社会福利中心演讲，里头有些人是身障者，还有些是单亲妈妈，他们心灵的力量让我惊讶。我也曾拜访南非一座有着高耸的水泥墙和锈蚀栅栏的监狱，尽管重刑犯不准进入小教堂参加聚会，但我可以听到整座监狱传来应和着福音音乐的歌声，仿佛圣灵已经让这里所有的人充满上帝的喜乐。从外在看来，这些人被监禁了，但因为信心和希望，他们的内在已然自由。

那天走出监狱大门时，我觉得这些牢囚似乎比监狱外的许多人还要自由。你也可以像这样允许希望常驻你心。

请记住，悲伤是没有用的。会有这种感受很自然，但你不能让它日日夜夜支配你的思想。你可以借由把注意力转向比较积极正面、可以提振精神的想法和行动，来控制你的反应。

我是一个属灵①的人，所以在悲伤的时候会依靠我的信心，不过，我所受的会计训练提供了一个更实用的方法（这可能让人惊讶）。当你说你没有任何指望时，表示你觉得自己的人生再出现好事的概率是零。

零？你不觉得这很极端吗？对我而言，“未来总会有好日子”这种想法之所以不辩自明，是因为“未来不会变好”是更不可能的。希望、信心和爱是灵性的种子，无论你的信仰是什么，你都不应该失去希望，因为生命中一切的美好都是从希望开始的。如果不是心存盼望，你会想要组建一个家庭

---

①基督教名词。指的是一个人可以尊主为大，思想、言语、行为都不违反上帝的心意。

吗？如果不是抱着希望，你会想要学习新事物吗？希望几乎是我们走每一步的出发点，而我写这本书是希望帮助你找到更美好的人生，一个没有限制的人生。

《圣经》中有一节经文说：“但那等候耶和华的必重新得力。他们必如鹰展翅上腾；他们奔跑却不困倦，行走却不疲乏。”①我第一次读到这节经文时便了解，我不需要手和脚。你也应该明白这一点，而且永远别忘记，上帝从未放弃你。继续前进吧，因为行动创造动能，而这回过头来会创造意想不到的机会。

## 只要挺住，任何事都有可能

2009年发生在海地的惨烈地震让世人同感哀伤，然而尽管巨大的灾难带来悲剧，这可怕的状况也反衬出人们最棒的特质，就如同我们在那些幸存者身上所看到的。

地震后，玛莉亚的儿子艾缪尔被认定已经被活埋在一栋建筑物里。21岁的艾缪尔是位裁缝师，地震发生时，他跟妈妈玛莉亚正待在她的公寓里。妈妈顺利逃出来了，但她找不到儿子，而公寓早已成了一堆瓦砾。玛莉亚在为灾民搭建的临时帐篷里到处找儿子，却遍寻不着。她一直等待，盼望儿子能找出一条生路。

几天后，玛莉亚穿过一片混乱与断垣残壁，回去找儿子。尽管现场的重机械发出巨大声响，但在一个短暂的瞬间，玛莉亚觉得自己听到了儿子的呼

① 《圣经·以赛亚书》第40章第32节。

救声。

“那一刻，”她告诉一位记者，“我就知道要救出儿子是可能的。”

玛莉亚告诉每个人，她儿子在乱石堆下呼叫她，但没人能帮忙。在国际救援团体抵达后，玛莉亚终于找到一组有经验的工程人员来帮她。玛莉亚说服他们说她儿子还活着，而借助装备与专业知识，搜救小组砍断铁条、水泥墙和碎石，抵达她听见儿子呼救声的地点。

他们继续向下挖，直到看见艾缪尔向搜救人员伸出的手。搜救小组继续努力，艾缪尔的肩膀露了出来，他们终于可以把他往外拉。艾缪尔被埋了十天，严重脱水、浑身尘土、极度饥饿，但是他活了下来。

有时，你所拥有的只是你认为“凡事皆可能，奇迹真的会发生”的信念。就像玛莉亚面临的状况一样，周遭也许一片混乱，但你不应该陷入绝望，你要相信无论你缺乏什么，上帝总会供应！就是这样的信念鼓舞了玛莉亚，让她采取行动，而她的行动将她带到儿子的呼救声可及之处。是玛莉亚的盼望救活了艾缪尔——这样想不算离谱吧？

或许你现在的生活不是太顺利，但只要你挺住，只要你继续向前，任何事都有可能。

## 心存盼望而活

或许你对“抱持希望，什么都有可能”这种想法心存怀疑，又或者你曾经心情低落到觉得自己几乎找不到出路。我也有过这种感觉，那时我真的相信自己的生命永远不可能有价值，我只会成为家人和朋友的包袱而已。

我出生时，父母非常沮丧。这不能怪他们，他们可没准备好会有这样一个缺手缺脚的小孩。当孩子来到这个世界时，每个父母都会设想孩子的未来，但我父母却很难推断我将来到底会过什么样的日子。渐渐长大之后，我也有了这样的困惑。

我们都曾经觉得自己的人生即将在残酷的现实中毁灭，就好像一辆高速行驶的汽车撞上了墙壁。你个人的遭遇也许很独特，但这种绝望的情境人皆有之。常有青少年写E-mail告诉我，虐待和忽视的问题撕裂了他们的家庭；成年人则谈到药物、酒精或色情使他们的人生瘫痪了。有一些日子，我会觉得跟我谈话的人里头好像有一半得了癌症，或是面临其他危及生命的疾病。

在这样的情境中，要如何持守盼望？请相信上帝，并记住你来到这里是有理由的，然后为了实现那个目标奉献出自己。无论你碰到的挑战是什么，你都深受祝福，得以找到出路。只要想想我父母和他们曾经面对的绝望，你就能理解了。

## 我有权利过不受限的生活

在觉得身上的负担让人无法承受时，还要保持正面、积极的心态，也实在太难了。当我大到可以理解前面有多少难关在等着我时，绝望的感觉常常挥之不去，我无法想象自己的人生库存里会有任何好事。我对于童年那些黑暗岁月的记忆已渐渐模糊，但我确实经历过觉得跟别人不一样、实在很难熬的日子。我确定你也有过这种自我怀疑，我们都想要融入这个世界，但有时就是觉得自己是个局外人。

我的不安和怀疑大多来自没手没脚引起的生理困难。虽然不知道你的烦恼是什么，但心存盼望真的帮助了我。以下就是我的早期经历之一：

学步期时，医疗团队建议父母让我跟一群有“身心障碍”的小孩一起玩。这些孩子有的缺手或缺脚，有的罹患囊胞性纤维症，还有一些有严重的精神疾病。我父母对其他孩子和他们的家庭有极大的爱与同理心，但他们认为任何一个孩子都不应该被限制在某个团体里，只跟同一群人玩。他们确信我的人生不会有限制，也努力保持这个梦想。

我妈妈——愿神祝福她——在我幼年时就做了一个重要决定。“力克，你要跟普通小孩一起玩，因为你就是个正常的孩子，只不过少了某些小零件而已。”妈妈替我未来的日子定了调。她不想让我觉得自己不正常或受到限制，也不希望我只因为生理上的不同，就变成一个封闭、害羞或缺乏安全感的人。

我并不知道，其实那时我的父母就已经开始给我灌输一个信念：我有权利过没有标签和限制的生活。你也有这样的权利，去摆脱他人对你的分类或限制。因为少了一些零件，我可以很敏锐地察觉到，有些人会默默接受别人对他的看法，甚至不自觉地自我设限。有时，我因为太累或身体不舒服，就跟父母说上学或看医生实在太费力气了，但他们拒绝让我用身体状况当借口。

标签可以提供诱人的藏身之处，有些人拿来当作借口，但也有人超越了它们。有许多人被贴上“身障者”或“失能者”的标签，却能够超越别人认为他们应该有的限制，过着充满活力的生活，从事重要的工作。所以我鼓励你打破人生的任何限制，尽情探索并发展你的天赋。

身为上帝的孩子，我知道他常常与我同在，而知道他了解我们能承受多少，也让我觉得安慰。当别人与我分享他生命中的挑战和考验时，我常常感动落泪；我也会提醒那些受苦或悲伤的人，上帝的臂膀永远不会太短，可以触及任何人。

从这里汲取力量吧。大胆尝试，并朝着你所能想象的最高处尽情飞翔。或许你会碰到难关，那就把这些挑战当作“塑造人格的经验”，从中学习并努力超越；或许你有个很棒的梦想，那就请你敞开胸怀，接受上帝或许为你计划了一条不同于你所想象的路。圆梦的方法很多，如果你还没看见出路，千万不要灰心。

## 接受别人帮忙，自己也要加油

希望是个催化剂，能挪走一切看起来不能移动的障碍。当你继续用力、拒绝放弃时，就创造了动能。“希望”会创造出你料想不到的机会，然后贵人向你靠近，大门打开，路障清除了。

请记住：行动带来回应。当你打算放弃梦想时，告诉自己再多撑一天、一个星期、一个月，再多撑一年吧。你会发现，拒绝退场的结果令人惊讶。

到了该上小学的年纪，父母再次努力游说各方，让我不被排除在一般教育之外。由于他们坚定不移的信念，我成为澳大利亚第一批进入主流学校就读的身障学童之一。结果，我在主流学校表现得很好，一份地方报纸报道了我的故事，标题是“融入主流，身障儿大放异彩”，还附上一张妹妹蜜雪儿跟我一起坐在轮椅上的大照片。这篇报道引起了全国的关注，有政府官员来访，我还收到卡片、信件、礼物，以及来自全国各地的邀请。

媒体报道之后涌进来的捐款也在经济上帮助了我的父母，他们要为我换装义肢。父母从我一岁半开始，就尝试让我适应人工四肢，我的义肢初体验是一只不怎么好用的手臂，这只用滑轮和杠杆操作的机械手臂差不多有我整个人的两倍重。

装上这个新玩意儿，光是保持平衡就困难重重，我过了好一阵子才搞定。之前，我已经可以很熟练地用小左脚、下巴或牙齿抓东西，这只新加入的手臂似乎只是让我平常做的事变得更困难。我无法好好利用它，父母起先也很失望，但我愈来愈有信心，觉得靠自己也能做得很好。我鼓励父母往前看，并感谢他们。

坚忍不拔是一种力量。我的第一个人工手臂实验失败了，但我仍相信一切会有最好的结果。我的乐观和高昂的士气感动了当地的狮子会①，他们为我募集了二十多万美元，以支付医疗和一部新轮椅的费用。这些募捐来的钱也让我们可以到加拿大多伦多，去试用由一家儿童医院设计出来的电子手臂。然而，最后连医学专家也认为，我不用义肢，而是靠自己，做事效率可能还高一些。

我很高兴有科学家和发明家热衷研究，希望某天可以给我四肢，不过我更加坚定心意要尽我所能，而不是干等别人发现或发明什么来改善我的生活——我必须自己寻找答案。直到今天，我还是很欢迎别人帮我忙，例如替我开门，好让我的轮椅通过，或是拿起杯子让我喝一口水，但我们必须为自己的幸福与成功负责。你的朋友和家人或许会在你有需要时伸出援手，请对此心怀感激，欢迎他们对你的付出，但你自己也要继续加油。你愈是努力，就能创造愈多的机会。

有时候，你可能觉得自己的目标就快要实现了，结果却功败垂成，但这不是你喊停的理由，只有拒绝再试一次的人才会被打败。我依然相信自己总有一天可以像一般人一样走路，像一般人一样举起或握住东西。这些事如果真的发生了，无论是出于上帝的亲手作为，还是他通过地上的代理人所做的，都会是个奇迹。机械四肢的科技日新月异，说不定哪天我真的可以穿戴

①国际狮子会，1917 年成立，是世界最大的服务组织。

上便利的义肢，不过我目前的样子也让我很满意了。

事实上，那些我们认为是阻碍的挑战，常常让我们变得更强壮。你要接受这样的可能性：今天的障碍或许是明天的优势。我已经把自己没有四肢这件事当作一项有利条件，因为男女老少就算跟我语言不通，光是看到我，也知道我这辈子肯定没少过难关。他们都明白，我的人生体悟得来可不容易。

## 我也曾一度放弃希望

当我对听众说要为美好的未来坚持下去时，这是我的经验之谈。你可以相信我说的话，因为我也曾一度放弃希望。

我的童年大部分时间都很快乐，但是10岁时，负面想法淹没了我。无论我多么努力让自己乐观、意志坚定和富有创意，总有些事我的确做不来，其中有些只是简单的日常活动，这让我很困扰。例如：我就不能像其他小孩一样，从冰箱里抓一瓶饮料出来；不能自己吃饭也让我觉得挫折，我很讨厌开口要人家帮忙，因为这样会一直打断别人吃饭。

还有一些更大的问题是我这段时期挥之不去的阴影：我能找到一个爱我的人做妻子吗？我要怎么养家糊口？当我的家人被欺负时，我如何保护他们？

大多数人也会有这种想法，某些时刻，你会担心自己能不能拥有持久的关系、稳定的工作或安全的居所。往前看很正常、很健康，这样才能发展出对未来的憧憬。不过，当负面想法妨碍你展望未来、让你变得忧郁时，问题就出现了。所以我会祷告，并且用上帝的话语提醒自己，他永远与我同在，从没离开我、忘记我，甚至会让最坏的事出现最好的结果。我告诉自己：无论外在环境如何，都要紧抓住上帝的承诺。我知道上帝是美好的，如果他允许坏事发生，尽管我不一定可以理解，但我相信上帝一定有良善美意。

## 负面思想在脑里狂奔时，可以选择“关机”

随着11岁生日愈来愈近，我也进入难搞的青春期——这时候的我们，脑袋重整，奇怪的化学物质在身体里乱窜。其他同龄的男孩和女孩开始成双成对，这让我的疏离感愈来愈强烈。

哪个女孩会想要一个不能握着她的手、不能跟她一起跳舞的男朋友?

不知不觉，这类黑暗的想法与负面感受出现得愈来愈密集，加重了我的精神负担。通常当我夜不成眠，或者在学校累了一天之后，这种想法便会爬满心头。你知道那种感觉：疲惫不堪、情绪不好，仿佛全世界的重量都压在你肩头。我们都会心情低落，特别是睡眠不足、生病或其他难关让我们变得脆弱的时候。

没有人可以无时无刻都很开心或充满活力，郁闷、严肃的心情是很自然的，而且也有作用。最近的心理学研究指出，深沉一点的心情会让人更严谨而有条理地看待自己的工作，当你在平衡收支、计算税金或编辑论文时，这种观点相当有帮助。只要你能觉察并掌控自己的情绪，就算负面思想也能产生正面的结果；只有在情绪控制了行动时，才会让你急剧落入沮丧和自我毁灭的行为中。

关键是你不能让负面情绪和沮丧的感受淹没或席卷了你。幸好，你有能力调整态度。当你察觉到负面思想正在你脑子里狂奔时，你可以选择“关机”。你要承认这些思想的存在，了解它们的源头，但请把注意力放在解决问题的办法上，而不是问题本身。我记得圣经课程里有一幅图——《上帝的全副军装》，用公义当护心镜，以真理做带子束腰，手拿信心做盾牌，以圣灵为宝剑，并将救恩当作头盔。我知道这些就是一个基督徒男孩需要的武器。我将上帝的话语视为与负面思想战斗的宝剑，而这把宝剑就是《圣经》。请你也拿起信心的盾牌保护自己吧。

## 我应该是抽到下下签了吧

在自尊与自我形象非常重要的青春期，忧虑和恐惧淹没了我，我出差错的地方彻底压过了一切好事。

我就是抽到下下签了。我要如何过有工作、有太太、有小孩的正常生活？

我永远都会是周遭人的负担。

直到失去盼望，我才成了一个残障者。相信我，失去盼望的损失远超过失去四肢。如果你经历过悲痛或沮丧，就会知道绝望有多糟。我从未如此愤怒、受伤和困惑。

我祷告，问上帝你给其他人的那些东西为什么就是不能给我。我祈求手和脚，你都不理我，是因为我做错了什么吗？你为什么不帮我？你为什么要让我受苦？

上帝或医生都无法解释为何我一出生就没手没脚，而缺乏一个解释（就连科学的理由都没有）让我感觉更糟。我一直在想，如果有个理由，不管是属灵的、医学上的或其他的，都会让我好过一点，说不定我就不会那么痛苦。

很多时候，我心情低落到不想去学校。在那之前，自怜从来不是个问题，我一直很努力克服身体障碍，参与各种正常活动，像其他孩子一样玩耍。大多数时候，我的坚定和自立让父母、老师和同学印象深刻，然而，我只是把伤痛深藏在心里了。

我被当作个属灵的孩子扶养长大，总是去教会，并深信祷告和上帝医治的大能。我对耶稣很着迷，吃饭时，想到他正与我们同桌而坐，我就微笑了起来。我向上帝祈求手和脚，有段时间，我真的期望早上一起来就发现自己已经有了四肢，就算一次只有一只手或一只脚都好。当它们没有出现时，我对上帝愈来愈愤怒。

那时，我自以为了解上帝造我的目的，是要在一项奇迹中作为他的搭档，这样世人就会知道上帝是真实存在的。我会如此祈求："上帝呀，如果你给我手和脚，我会到世界各地分享这项奇迹，会在全国的电视上告诉所有人发生在我身上的奇妙事件，然后全世界都会看见上帝的大能。"我告诉他我知道了，而且愿意坚持完成我的目标。我还记得自己这样祷告："上帝呀，我知道你把我造成这样，是因为当你给我手和脚时，这个奇迹就可以向世人证明你的力量和爱。"

小时候，我就知道上帝会用各种不同的方式跟人说话。我想，他可能会让我"感觉到"他的回应吧，但我感受到的只有沉默，没有别的。

父母跟我说："只有上帝知道为什么你生出来会是这样。"那我就去问上帝，但他又不告诉我。这些没有得到满足的请求和没有得到答案的问题，深深地伤害了我，因为我以前一直认为自己跟上帝很亲近。

我还得面对其他挑战。我们往北迁移了一千六百多公里到昆士兰，离开了我的大家族——叔伯姨舅和26个堂、表兄弟姊妹给我的保护茧被夺走了。而搬家的压力也加在父母身上，尽管他们保证一切都会很好，也给我满满的爱与支持，但我就是甩不开认为自己是他们巨大的负担这种感觉。

我仿佛戴上眼罩，看不到生命里的任何亮光。我看不出自己会对任何人有帮助，觉得自己只是个错误，是自然界的怪物、上帝遗忘的孩子。爸爸、妈妈努力告诉我事情不是这样，他们为我朗读《圣经》、带我去教会，但我就是没办法从痛苦和愤怒中走出来。

当然也有比较光明的时候。上主日学时，我跟同学一起唱着："耶稣喜爱一切小孩，世上所有的小孩，无论红黄黑白种，都是耶稣心爱的宝贝。耶稣喜爱世上所有的小孩。"那时，我心里觉得很高兴。被支持我、爱我的人包围着，这首赞美诗唱进了我的心坎里，让我得到安慰。

我很想相信上帝深深顾念着我，但是当我觉得疲累或身体不太舒服时，阴郁的念头又钻了进来。在学校操场中，我坐在轮椅上思考："如果上帝真的爱我，像爱其他小孩一样，那他为什么不给我手和脚？为什么他要让我跟其他的孩子那么不同？"

这种想法甚至在白天和很开心的场合也会入侵。我一直被绝望和"人生一定会非常艰难"这种感受所苦，而上帝似乎没有回应我的祈祷。

有一天，我正坐在流理台上看妈妈煮饭，通常这会让我感到安定和放松，但突然间，负面想法完全占据了我的心："我不想一直黏着妈妈，成为她的负担。"我有一股冲动，很想把自己从流理台上扔下去。于是我往下看，试着找出从哪个角度掉下去才可以扭断脖子，成功地自杀。

但是我说服自己别这么做，最主要是因为假如没死成，我就得跟别人解释我为何如此绝望。这么接近自戕边缘这件事让我感到害怕，其实我应该让妈妈知道我曾经有过这种想法，但实在难以启齿，我不想吓她。

我还年轻，而且虽然身边围绕着爱我的人，但我并没有去找他们，并说出自己最深沉的想法。我拥有资源，却没有善加利用，这真是个错误。

如果你觉得被阴暗的情绪压倒了，不必只靠自己的力量处理，那些爱你的人真的想帮你，他们不会觉得有负担。如果你没办法向熟人倾吐，就去找学校、工作场所和社区里的专业咨询人员。你我都不是独自一个人，现在我已经知道了，所以我不希望你像我一样，如此接近那个致命的错误。

但那个时候，我被绝望横扫，认为只有结束自己的生命才能结束痛苦。

## 只差一点，我就把自己淹死在浴缸里了

有一天下午放学后，我问妈妈可不可以把我放在浴缸里泡一会儿。当她离开浴室时，我请她把门带上，然后就把耳朵浸入水里。在寂静之中，沉重的思绪在我心里奔腾，其实我是计划好要这么做的。

如果上帝不带走我的痛苦，如果我的生命根本没有意义……如果我到人世走一遭只是为了体验被排斥和孤独的感觉……我是每个人的包袱，我没有未来……我现在就应该结束一切。

前面提过，我刚开始学游泳时，是把肺里装满空气，好让自己仰着漂浮。现在我试着估计在翻过来之前，肺里要保留多少空气：翻身之前要屏住气吗？我是要深深吸气，还是只吸一半？是不是干脆把肺放空，直接沉下去算了？

最后我直接转过去，把脸沉入水中。我本能地屏住气，而因为肺活量够，我漂浮了一段应该不算短的时间。

当空气没了，我又翻了回来。

我办不到。

但阴暗的念头还在坚持："我要离开这里。我只想消失。"

我吐出肺里大部分的空气，然后又翻了过去。我知道自己至少可以撑个十秒，所以我开始倒数："10、9、8、7、6、5、4、3……"

我继续算着，然后，一个影像飞快闪过我心头：父母在我的坟墓边哭泣，7岁的弟弟亚伦也在哭，他们悲叹地说都是他们的错，他们应该为我做更多。

我无法忍受让他们终身悔恨，觉得应该为我的死负责。

我太自私了。

我又翻过身来，大大吸了一口气。我办不到。

我不能让家人背负这种失落和内疚的重担，但我的痛苦真的难以忍受。那天晚上，我在我们共用的房间里跟亚伦说："我打算在21岁时自杀。"

我觉得自己可以撑过高中和大学，再往后就没办法了。我不觉得自己可以像其他男人一样，找到一份工作，然后结婚。有哪个女人会想嫁给我？所以，21岁看来就是结束我生命的时候了。当然，对那时的我来说，21岁还很遥远。

"我要告诉爸爸你这样说。"弟弟回答。

我叫他别告诉任何人，然后就闭上眼睛睡了。接下来，我就感觉到爸爸的重量，他坐在我的床上。

"你说要自杀？这是怎么回事？"他问道。

爸爸用温暖安定的语气，告诉我还有许多美好的事在等着我。他一边说，一边用手指梳理我的头发——每次他这么做，我都好喜欢。

"我们永远都会和你在一起，"爸爸保证，"一切都会没事的。我答应你，我们会一直在你身旁。你会好好的，儿子。"

有时，只需要爱的碰触与关怀的凝视，就能让一个心乱如麻的孩子放松下来。在那个关头，听到爸爸保证说一切都会很顺利，那就够了。他用安抚的语调和触摸让我相信，他们一定会为我找到一条路。每个儿子都想信任父亲，那天晚上，爸爸给了我某样东西，让我可以紧紧握住。

一个父亲给孩子的保证是世上最强的。在这方面，我爸爸一向非常大方，也善于表达对儿女的爱与支持。我还是不了解事情会如何发展，但因为爸爸说终究会解决，我就相信。

和爸爸谈过之后，我睡了个好觉。偶尔有些日子，我还是不太好过，但在我对未来有自己的梦想之前，我信任父母，并长久持守盼望。有些时刻，甚至是一长段时间，我会有怀疑和恐惧，但幸好我人生的最低点也就是那一次了。即使现在，我还是跟其他人一样会有低潮，但我再也没想过要自杀了。

回首当时，并思考之后一路走来的人生，我只能感谢上帝将我从绝望中拯救出来。

## 你可以选择想象更美好的生活

通过我在超过25个国家的演讲、DVD和You Tube上几百万的浏览人次，我有幸将充满希望的讯息带给许多人。我实在很难想象，如果我在10岁就结束了自己的生命，将失去多少喜悦、失去多少与人分享人生故事和领悟的机会——包括印度的12万多人、哥伦比亚斗牛场中的18000人，以及乌克兰一场大雷雨中的9000人。

随着时光流逝，我逐渐明白，在那个阴郁的日子里，我没有取走自己的生命，是上帝取走了。

他取走我的生命，重新赋予它更多意义、目的与喜乐，远远超过一个10岁孩子有限的眼光所能理解的。

不要去犯我差点犯下的过错。

1993年那次，如果我让自己的脸再往水下沉个十多厘米，或许我是能结束短暂的痛苦，但代价是什么？我将看不到现在这个在夏威夷海边与海龟一同游泳、在加州冲浪、在哥伦比亚潜水的开心男子。除了这些探险活动，更重要的是，我或许永远不可能接触到这么多生命。

我只是个微小的例子，挑个真正的英雄吧，无论是德蕾莎修女、甘地，还是马丁·路德·金牧师，你会发现这些人虽身处逆境——监狱、暴力，甚至死亡威胁——却始终相信，他们的梦想会战胜一切。

当负面思想与阴暗的情绪找上你时，请记住，你是有选择的。如果你需要帮助，就去寻求帮助，因为你并非孤单一人。你可以选择想象更美好的生活，然后采取行动实现它。

想想看，当我还是个孩子时，我面对些什么，而如今我过的又是怎样的日子？谁知道未来的你会有什么样美好的人生与伟大的成就？谁知道通过我们的付出，我们能成为多少人生命中的奇迹，帮助他们活得更美好？所以，请与我同行，跟我这个没手没脚的人一起走进充满希望的未来吧！

# LIFE WITHOUT LIMITS

## 第三章

## 对生命的无限可能抱持信心

《圣经》将信心（faith）定义为“所望之事的实底，未见之事的确据”[①]。你我都不能在没有信心、不信任一些还未被证实的事物的情况下过日子。说到信心，常常指的是宗教信仰，但日常生活中其实有各种不同的信心课题。身为基督徒，我依照对上帝的信心而活，即使看不见或摸不到上帝，我心里知道他是存在的，并将未来交到他手上。我不知道明天有些什么，但因为我相信上帝，我知道谁掌管明天。这是信心的一种形式。

生活中，我在许多方面都拥有信心。例如，有些元素我看不见、摸不着也感觉不到，但我就是接受它们的存在。我相信有氧气，也相信科学家说的，人要活下去就需要它。虽然我看不见、摸不着也感觉不到氧气，但我就是知道它存在，因为，我在这里——如果我还活着，那我一定正在呼吸氧气，所以氧气是存在的，对吧？

就像一定要有氧气才能活下去，我们也必须信赖一些看不见的事物才可以生存。为什么？因为你我都会遇到挑战，生命中就是有些时刻看不见任何出路，这时，信心就进来了。

最近有个叫凯特的女性寄E-mail给我，她因为医疗问题（包括动了将

①《圣经·希伯来书》第13章第2节。

近二十次手术）被公司资遣。凯特出生时缺少大腿骨，因此在学步期就必须截肢。她现在三十多岁、已婚，但还是常常被“为什么是我”这个问题所苦。

看了我的某段影片后，凯特了解到，有时我们就是不知道“为什么是我”，但要相信有一天上帝会显明它的计划。在那之前，我们必须凭信心而活。

“我衷心地感谢你。现在我相信自己就跟你一样，是上帝所拣选的。”她写道，“希望有朝一日，我有这个荣幸可以见到你本人，拥抱你、感谢你帮助我打开眼睛，看见光明。”

在决定相信并依靠她看不见或无法理解的事物之后，凯特才找到了力量与希望。信心正是这样运作的：你会遇到一些起初看来根本无解的挑战，在等待答案时，信心可能是你仅有的；而有时候，只不过单纯地相信问题总会有解答，就能让你撑过黑暗的时刻。

我给信心的定义是：心里全然有把握（Full Assurance In The Heart，这五个字的第一个字母合起来，即为FAITH）。或许我无法对我所相信的一切都提供证据，但我非常确定，活在信心中比活在绝望中更接近真理。我每年会对几千名学童演讲，常常和他们一起探讨“相信无法看见的”这个概念。（有时候，小朋友一开始会有些怕我，我也不知道为什么，我们差不多高哇。我告诉他们，以我的年纪来说，我算是比较矮的。）

我会说说笑话，直到他们觉得跟我在一起很自在。一旦习惯了我的缺手缺脚，我发现大部分的小孩都超喜欢我的小左脚。他们会指指点点，或是盯着它看，所以我就摇摇小左脚，还开玩笑说这是“我的小鸡腿”。通常这会引起一阵哄堂大笑，因为这么形容还蛮贴切的。

比我小6岁的妹妹蜜雪儿是第一个观察到这点的人。我们一家人经常开车去长途旅行，三个小孩会像一捆木材一样被放在后座上。大部分的爸爸一旦上路就不喜欢停下来，我们家的也不例外。饿的时候，三兄妹就会用力地暗示父母。

实在饿得快抓狂时，我们会假装互相咬来咬去。有一次旅行，蜜雪儿宣布要咬我的小左脚：“因为它看起来像只鸡腿。”我们听了大笑，后来也就忘了这件事。结果几年前，蜜雪儿带了一只小狗回家，只要我一坐下来，这只小狗就会来咬我的小左脚。我把它推开，它还是一直回来啃。

“看到没？就连我的小狗也觉得它像只鸡腿耶。”蜜雪儿说。

太妙了！从此以后，我都会在校园演讲中跟孩子们提到这个故事。而一旦介绍了我的左脚，我会问小朋友是不是认为我只有一只脚。这个问题总是让孩子们大吃一惊，因为他们只看到一只脚，但是有两只脚比较合理呀。

大部分孩子相信自己所看见的，说我只有一只脚。然后，我就会为他们出示“小小鸡腿”，就是我更小的右脚——通常被我收在裤管里。有时我会伸出右脚扭两下，吓吓他们，然后他们就会惊声尖叫。这实在很有趣，因为小朋友真的很直率，马上就承认要看见才能相信。

我会鼓励他们——就像我现在鼓励你一样——去相信生命有各种可能性。在艰难困苦的时光中，依然能够前进，关键就在于，你不是以能看见的，而是以能想象的事物，来引导你的人生。这就叫作信心。

## 考验信心的飞行经验

我的想象力透过上帝的眼睛涌出。我信任它，尽管没手没脚，我心里全然有把握自己一定可以打造美妙的人生。同样地，你也应该觉得天下无难事，要相信只要尽全力实现梦想，你的付出终会得到回报。

事成之前，有时我们的信心会受到考验。2009年我到南美的哥伦比亚演讲时，就有这样的体悟。那次我被安排要在十天内到九个城市演讲，因为要在短时间内长途奔波，主办单位租了一架小飞机，载我们往返于不同城市。飞机上坐了八个人，包括两名都叫米格尔、都不大会讲英文的驾驶员。某次飞行途中，机上的人突然听到电脑惊恐地发出“拉升，拉升！”的自动警示声，但用的是英文！

电脑继续记录我们急速下降的过程，愈来愈紧急地播报不断降低的高度：“600英尺[①]、500英尺、400英尺……”中间还一直插播要驾驶员“拉升、拉升”的命令。

当场虽然没有人吓呆，但客舱里还是弥漫着些许紧张的气氛。我问我的看护，我们是不是应该把电脑发出的警示翻译成西班牙文，讲给米格尔一号跟米格尔二号听。

“你以为他们真的不知道我们正在下降吗？”他问。

我也不知道该怎么以为，但既然其他人都不觉得这是个问题，我就随众吧，并且努力别让自己吓昏。幸好，我们很快就安全着陆了。之后，一位翻译跟驾驶员提到我们的惊恐时刻，他们听了大笑起来。

“我们知道电脑在说什么，但降落时不会去理它。”米格尔二号通过翻译说道，“你应该对你的驾驶员更有信心一点，力克！”

好吧，我承认，有一刻我对米格尔们的信心是有点动摇了，但大部分时间，我因为相信上帝会照料我的人生而觉得平稳安定。我给你点线索，好让你知道我的信心有多强：我在柜子里放了一双鞋子，我真的相信有一天我能穿上鞋走路。这件事或许会发生，或许不会，但我相信可能性是存在的。如果你能想象一个更美好的未来，你就能相信它；而假如你可以相信它，就能

① 1 英尺≈ 0.305 米。

实现。想象无限！

在我10岁那段沮丧期，其实生理上并没有吃太多苦头。我是没有手也没有脚，但我拥有能让我过着今天这种报偿丰富且圆满的人生所需的一切——只差一样。那时的我只相信眼睛看得到的，因此把注意力放在了我的限制上，而不是我的可能性上。

人都有所局限。我永远不可能成为NBA球星，但没关系，因为我可以鼓舞人们做他自己生命中的明星啊。你不应该看着你所缺失的过日子，相反，你应该去过“只要有梦想，什么都做得到”的人生。即使遭遇挫败或悲剧，通常也会有意料之外、全然不可能的好处等在那里，或许不是马上发生，所以有时你也会怀疑挫败或悲剧中怎么可能会有好事。但是，你要相信一切最终会有好结果——即使悲剧也能变成胜利。

## 只剩一只手的冲浪女孩

2008年我到夏威夷演讲时，遇到了世界级的冲浪高手贝诗妮·汉米尔顿（Bethany Hamilton）。她在2003年被一只虎鲨攻击，失去左手臂，那时她13岁。在鲨鱼攻击事件之前，贝诗妮在冲浪界已经很有名了。而惨剧发生后，她还是回到了这项运动中，并感恩上帝的祝福，如此勇敢的心灵与坚定的信心让她赢得国际尊敬。如今，她和我一样在全球旅行，鼓舞人们，并分享她的信仰。

贝诗妮说她的目标只是要“告诉人们我对上帝的信心，让大家知道他爱所有人，并解释事发当天，上帝是如何看顾着我。若不是上帝，我现在根本不会站在这里，因为那天我流失了多达70%的血”。

碰面之前，其实我对她那天的事并不完全清楚，也不知道这位令人景仰的年轻女性曾如此接近死亡。事发后，大家把她送到45分钟车程外的一家医院。她告诉我，一路上她是如何祷告，而医护人员又是如何在她耳边充满信心地喊话，鼓励她："上帝永远不会抛弃你！"

情况看来很惨。当他们抵达医院，并火速准备好要替贝诗妮动手术时，才发现每一间手术室都在使用中，而贝诗妮正迅速陷入昏迷状态。但有个病人放弃自己即将进行的膝盖手术，好让他的医生可以替贝诗妮开刀。猜猜看，那个病人是谁？

贝诗妮的父亲。

很让人吃惊吧？当时，外科医生已经准备就绪，所以医护人员直接把爸爸换成女儿，然后继续进行手术，手术救了贝诗妮一命。

贝诗妮一直是个健康的运动型女孩，又有惊人的正面态度，所以复原的速度超乎医生的预期。受伤后三个星期，贝诗妮又开始冲浪了。

和她碰面时，贝诗妮告诉我，对上帝的信心让她断定，失去手臂也是上帝对她人生计划的一部分。因此，她并不自怜，而是接受这个结果，并继续往前走。受伤后的第一次比赛，贝诗妮跟来自世界各地的女性冲浪高手竞技，结果拿到第三名——她只有一只手喔。贝诗妮说失去一只手在很多方面看来都是个祝福，因为如今她参加任何比赛，若是得到不错的成绩，就能发挥激励作用，让别人知道他们的人生也可以像她一样不受限制。

"上帝确实回应了我想被他使用的祷告。当大家听我的故事时，上帝就在对人们说话。"贝诗妮说道，"人们告诉我，他们因此更接近上帝，开始相信上帝，并在自己的生命中找到希望，或者得到激励，以克服困境。听到这些，我就赞美神，因为我没有为这些人做什么——帮助他们的是上帝。身为上帝计划的一部分，真的让我热血沸腾！"

贝诗妮不可思议的精神让人忍不住也变得热情洋溢。如果她受到鲨鱼攻击后就退出冲浪界，应该没什么人会怪她吧。失去一只手之后，她必须重新学习在冲浪板上保持平衡，这并没有让她却步。她相信，就算发生了什么可怕的事，还是会带来美好的结果。

## 热情洋溢的冲浪黑狗兄

每当生活出状况，并一点一点啃噬你的计划或梦想时，请想起这个神奇女孩的信心。不幸的事总会发生。我们偶尔会被一些意想不到的浪打倒，你的问题可能不会是鲨鱼，但无论是什么击倒了你，想想这位勇敢的十多岁女孩吧。她不但在被自然界最凶猛残酷的掠食者攻击之后活了下来，还恢复了健康，比以往更坚定地过着一个非凡的人生。

贝诗妮大大鼓舞了我，所以我请她帮助我做一件我一直想做的事——我问她愿不愿意教我冲浪。而让我惊讶的是，她立刻提议带我去威基基海滩。

想到可以在夏威夷的国王和皇后们第一次骑在浪头上的历史地点学冲浪，就让我超级兴奋，当然也非常紧张。当贝诗妮在为我准备的长板上打蜡[①]时，她介绍了两位冲浪明星——东尼·莫尼兹（Tony Moniz）和蓝斯·胡卡诺（Lance Ho'okano）——给我认识，他们也会一起下水。

我说过，当你怀疑自己能否实现人生的目标时，请信任那些愿意助你一臂之力，以及能够指引你的人。这就是我为了学会冲浪所做的，我不可能有更好的冲浪伙伴了。他们先教我在草皮上练习如何在板子上保持平衡。

他们轮流陪我，教导我，鼓励我。当我和贝诗妮冲进海浪时，我突然有

---

①在冲浪板上打蜡是为了防滑。

个让人惊慌的想法：我们两个人加起来只有三肢——而且，全部都是贝诗妮的耶！我很爱当个冲浪黑狗兄，而且我很会游泳，所以也不怕水，但我还是不太确定，就算有专家帮忙，我可以在浪头的冲击下保持平衡吗？有一次，老师在我的冲浪板上时，我做了个360度的回转。还有一次，我在冲浪时跳下自己的板子，然后跳上贝诗妮的冲浪板！

很自然地，我想要靠自己秀一下——没办法，我就是爱表现。最后，大家都同意我可以来场个人秀。为了让我在追到浪时可以自己站起来，他们折了几条毛巾，做成小平台，放在我的冲浪板前方，这样我在波浪中加速时，就可以用肩膀靠着这个毛巾平台，然后慢慢直立起来。有志又有浪，成功在前方！

当天在威基基海滩有个冲浪比赛，人群开始聚集，全都看着我们。这些专家给了我不少建议——虽然他们的建议让我更加紧张。

“你真的要下水吗，老兄？”

“老兄，我搞不懂你没手没脚，怎么保持平衡？”

“你会游泳吗，老兄？你游得比鲨鱼快吗？”

下水后，我感觉好多了。我很轻，所以漂浮跟游泳都不成问题。我还很容易漂流，所以最后会到哪里去，我也不知道，说不定我会一路漂回澳大利亚，被冲进我父母家的后院。

那天真是快活呀。贝诗妮在水中陪着我、鼓励我，但一开始我试着要追浪并站起来时，总是从冲浪板上掉下去。我试了六次，掉了六次。

不，我不能放弃。那么多人在看，还有一堆相机在那里照个不停，我可不想被放到You Tube上面，然后影片标题写着“撑不住两个浪头的身障黑狗兄”。小时候，我整天在溜滑板，所以对板子还是很能掌握的。终于，在第七次尝试时，我追到一个大浪，并成功地在板子上站了起来。那个感觉真的超刺激，所以我不讳言，当我站在冲浪板上，一路进入海滩时，我像个小女生一样尖叫了起来。

当我冲进海滩时，每个人都在看，并且对着我欢呼、吹口哨。我整个人都热起来了——这个我很清楚，因为每个人都冲着我说："老兄，你真是个火热的黑狗兄！"

接下来的两个小时，我们追了一道又一道的浪，来回将近二十趟。因为比赛的关系，岸边有好几位摄影师，结果我成了第一个登上《冲浪客》杂志封面的菜鸟冲浪客。结束水上美好的一天之后，我擦干身体。

稍后，蓝斯·胡卡诺在访问中提出一个有趣的看法："我已经在这个海滩上待了一辈子，却从没参与过这种事。力克是我见过最热情洋溢的人，他真的爱冲浪，他的血管里流的就是海水。这件事让我觉得，一切都是有可能的。"

请抓住这个想法：一切都是有可能的。当你觉得自己被某个巨大的挑战摧毁了、打败了，请相信任何事都是有可能的。当下你也许看不到出路，也许觉得全世界都联合起来跟你唱反调，但请你相信，环境会改变，答案会出现，而你会获得意想不到的帮助。然后，任何事都会有可能！

如果一个没手没脚的家伙也能在全世界最顶尖的海滩冲浪，那么任何一件事对你都是有可能的！

## 小时候，我就已经是个可能主义者

撒种的比喻是《圣经》里最为人所知的故事之一，说的是有个农夫到处去撒种，有些种子撒落在路旁，被鸟吃掉了；有些种子落在石头上，永无扎根的机会；有些则落在荆棘里，被挤住了，长不起来；只有落在好土里的种子顺利成长、结实百倍，并且长出比原来所播撒的更多的种子。[1]

我们的一生不只要接收种子，还要将之栽种在内心的“好土”里。被困难击倒时，我们可以依靠拥有更美好人生的梦想。这些梦想就是即将到来的事物的种子，而我们的信心就是这些种子发芽的沃土。

爱我的人常常鼓励我。他们将种子播在我的心田里，向我保证我拥有让他人受惠的福分。我有时相信，有时不信，但他们从未放弃我。那些爱我的人知道，他们的种子有时撒在石头地上，有时则撒在荆棘里，然而他们相信，撒出去的种子总有些会生根。

每天早上我要出门上学时，家人都在播撒种子：“祝你有美好的一天，力克！尽你所能，其他的，上帝会帮忙。”

我有时会想：“上帝的幽默感可真烂，因为今天我肯定会被欺负。”

果然，当我推着轮椅一进入学校，就会有某个笨蛋跟我说我的轮椅爆胎了，或是他们要把我拿去当图书馆的门挡之类的。哼，很好笑。

在那些让人泄气的日子里，父母支持我的话就像落入了劣土之中，得不到什么滋养，因为我对自己与生俱来的状况实在太不满了。

但是在我的“浴缸事件”之后的几个月、几年间，他们的鼓励愈来愈常落到富饶之土上，部分原因是我以坚毅、外向的个性赢得了同学的心。当然，我还是会有情绪低落的时候，不过愈来愈少了。

伟大的励志作家诺曼·文生·皮尔（Norman Vincem Peale）说过：“要成为‘可能主义者’，无论你的人生看起来多黑暗，请拉高你的视野，看看有什么可能性。你总是会看到可能性，因为它们一直都在。”

你应该要永远是个“可能主义者”。如果不相信生命的可能性，你会在哪里？我们任何一个人又会在何处？对未来的期望提供了动能，让我们得以

①《圣经·路迦福音》第8章第5至8节。

在无法避免的艰困时光、沮丧与绝望中继续前进。

早年的我已经流露出可能主义者的倾向。大约六七岁时，我创作了第一本图文书，书名是《没有翅膀的独角兽》。我这个概念没有什么高深的奥义，但我必须说，来自我自身经验的这个小寓言还是提供了一个跟信心有关的很不错的讯息。（别担心，故事很短，因为写作时我才6岁。）

从前有只独角兽妈妈有个小孩。小独角兽慢慢长大了，它没有翅膀。

独角兽妈妈说："它的翅膀怎么了？"

当独角兽去散步时，看见独角兽们在天空飞翔。然后，有个小男孩跑过来问独角兽："你的翅膀怎么了？"

独角兽回答："我生来就没有翅膀，小男孩。"

于是，小男孩说："我会试着帮你做一对塑胶翅膀。"

他花了一个小时为独角兽做翅膀。

完成之后，小男孩问独角兽他可不可以爬上它的背。独角兽说："好，可以。"

于是，他们跑了一阵子，然后独角兽开始飞了。独角兽大叫："有用耶，行得通耶。"

当独角兽停下来后，男孩从它的背上走下来，然后独角兽又回到空中。男孩对独角兽说："恭喜呀，独角兽！"

小男孩回家了，并且把独角兽的事告诉妈妈和兄弟姊妹。

从此，独角兽过着幸福快乐的生活。

谢谢收看。

我们都希望从此过着幸福快乐的生活。即使你相信自己可以对付困难时刻、品味美好时光，沮丧还是会出现，但是幸福快乐的结局应该永远是你的目标，那为什么不去努力争取呢？

## 耐心会获得回报

我和我的团队做了个计划，想在2008年进行“走向世界之旅”，目标是访问14个国家。计划初期，我们设定了预算，并发起募款活动，希望募集资金，以支付旅行的费用。那时，我们没有专业的募款人员，所以离目标还有一大段距离，大约只募集到所需费用的三分之一。

我依然照计划展开行程，去了哥伦比亚、乌克兰、塞尔维亚和罗马尼亚。回来后，我的顾问们很担心没钱进行剩下的访问计划。

我叔叔贝塔是个成功的企业家，也是我们董事会的成员。他断然取消我接下来行程中的两个主要地点，倒不只是因为钱。

“我们接到愈来愈多的报告说印度不是很安全，不适合旅行，尤其是孟买，还有印尼也是。”他说，“反正我们经费也不够，这些地方就下次再去吧。”

我叔叔是个有智慧的人，我没有和他争论。我告诉他我信任他，然后依约前往佛罗里达演讲。那场演讲因为大爆满，所以动用了450位志愿者。我去那里是要激励大家，但我的听众用他们的热情给了我力量。我在佛罗里达收到的热烈回应鼓励了我，让我在回加州的途中一直想着，我还是应该按照原来的计划，进行世界巡回演讲。

我不断地祷告，寻求上帝的指引。尽管经费不足，又有安全疑虑，我还是觉得应该去印度和印尼。我相信我们可以服侍他人，剩下的部分自然会有解决之道。贝塔叔叔邀请我去他家吃饭，讨论我想凭借信心而不是资金进行接下来行程的事。

在用餐途中讨论到这件事情时，我的情绪变得很激动，觉得这是一件我非去做不可的事。贝塔叔叔很了解我，也知道我希望尽我所能地将讯息带给他人的那份动力。

“那我们就看看接下来的几个星期，主要如何带领我们。”他耐着性子说。

遇到困难不要放弃，不要蛮干，也不要逃开。请评估情势，寻找解决方案，并且相信：无论发生什么，都是为了最终的美好结果。耐心是基本的。你撒下种子，经历暴风雨，然后等待丰收。请相信每个阻碍都有作用，然后去寻找最好的解决方案。

当完成世界之旅的经费不够时，我们并没有急着出门，去花那些我们没有的钱。相反地，我们祷告，寻求解答，并且相信：如果门现在一直关着，总有一天会向另一个机会敞开。

重点是，只要不停寻找，你就会找到一条路。或许你必须根据现实调整目标，但只要还有一口气在，你就应该记住，可能性一直都在。

话说回来，我想告诉你一件事：在为了该如何替接下来的旅程筹措经费而祷告时，我们并没有得到单一的回应，而且发生了一连串令人惊奇的事。

跟贝塔叔叔吃过晚餐几天后，有一位叫布莱恩·哈特的男士跟我们联络。他听了我在佛罗里达的演讲，打电话来致赠了一大笔钱给我们的基金会。

接着，我们接到印尼联络人的电话，他说为了我们把香港的两座体育场租出去了，所以如果我们去印尼，旅费就由他们负责。

又过了两天，一个位于加州的慈善组织提供了更大一笔钱，足以支付我们其余旅程的费用！

短短几天内，世界之旅的经费已不成问题。虽然有几个地方还是有安全疑虑，不过，就让我们相信上帝吧。

## 被迫变动的行程救了我的命

记得我说过，一切都是为了最终的美好结果吧！先前因为经费不足，我们必须更动去印度的计划，后来钱没问题了，我们便重新安排行程，结果比原定要去的时间还提早一个星期出发。

这项变动可能救了我们的命。离开孟买几天后，我们行程里的三个地点便遭到恐怖分子袭击。那次的恐怖袭击行动总共造成180人丧生，300人受伤。

若按照原来的计划，我们停留在孟买的时间、地点，正好会遇上恐怖袭击。你可以说我们命大，但我相信上帝对此有着我们无法了解的计划。这就是为何你必须对未来有信心，在即使看来胜算不大时，还是要继续朝着目标前进。

## 努力开创丰收人生的英雄

生活也许艰辛，也许变得残酷无情，但你应该坚持下去。刚来到这个世界时，我的一切看来毫无希望，但我努力开创出丰收的人生。如果你认为我只是个例外，那么请看看我的英雄之一克里斯蒂·布朗（Christy Brown）

的成就。

克里斯蒂1932年出生于爱尔兰的都柏林，在家排行第十，他父母的22个孩子中，只有13个顺利长大。克里斯蒂出生时四肢健全，但严重瘫痪，让他无法移动，只能发出声音。当时，医生都不知道他到底怎么回事。多年后，他才被诊断出有特别严重的脑性麻痹。

因为克里斯蒂说话不清楚，多年来，医生一直认为他的智力也有障碍，但是他妈妈坚信他脑子没问题，只是无法与人沟通。克里斯蒂的家人跟他一起不断努力，然后有一天，为了让姐姐了解他的意思，克里斯蒂用左脚从她那里抓来一支粉笔——因为身体上的障碍，他全身上下只有这里能动。

之后，克里斯蒂学习用左脚写字、画图。他的家人跟我家一样，下定决心要让他尽可能过正常的生活，于是把他放在一部旧婴儿车里，拉着他到处跑（大一点儿之后，就把他放在推车上）。另外，他也和我一样热爱游泳。后来，克里斯蒂的妈妈通过一位医生的协助，将他送到约翰霍普金斯医院。这位医生后来为克里斯蒂和其他脑性麻痹人士创办了一家医院。

他也把克里斯蒂介绍给文坛，几位爱尔兰知名作家鼓励克里斯蒂以诗人和作家的身份表达自己。他的处女作《我的左脚》是一本回忆录，后来扩充成为畅销小说《那些低潮的日子》，并改编成电影，由丹尼尔·戴·路易斯主演（他是克里斯蒂某位文友的儿子）。戴·路易斯因为这部片子，得到奥斯卡最佳男主角奖。克里斯蒂后来又出版了六本书。另外，他也是一位积极创作的画家。

想想看，在好一段漫长而黑暗的日子里，克里斯蒂和他的家人都在烦恼他的未来。他整个受苦的身体只有一小部分能动，只能发出几个声音，然而他成了知名的作家、诗人和画家，而且他不凡的人生还被改编成一部得奖电影！

生命中有些什么在等着你呢？何不留下来，看看你的人生故事会如何开展！

## 打开眼界，知道我的人生充满可能性

小时候，我的眼界非常有限。我很自我，从来没想过会有人状况比我还糟，例如克里斯蒂·布朗。后来大概13岁时，我在报上读到一个澳大利亚男人的故事，他遇上一场可怕的意外。我记得他是整个人瘫痪，不能动也不能讲话，余生只能躺在床上。我无法想象那是多么可怕的生活。

那个男人的故事打开了我的眼界。我这才了解，尽管缺少四肢为我的生命带来挑战，我仍有许多值得感谢之处，我的人生还有那么多可能性。

相信命运会带来巨大的力量，你能因此移动高山。我是逐渐醒悟到人生充满丰富可能性的。15岁时，我听说了《约翰福音》里那个盲人的故事。他生来眼盲，耶稣的门徒看到他时问耶稣："他天生看不见，到底是因为他犯了罪，还是他父母犯了罪？"

同样的问题，我也问过自己："我父母做了什么不对的事吗？我做错了什么吗？为什么偏偏是我生来没手没脚？"

耶稣回答："不是这人犯了罪，也不是他父母犯了罪，是要在他身上显出上帝的作为来。"①

当这个盲人听到这个解释后，他人生的憧憬和可能性顿时发生了剧烈变化。你可以想象青少年时期的我对这个故事产生了多大的共鸣，那时我很清楚地意识到自己跟别人不一样，知道自己身体有障碍，生活处处得靠别人。

---

①《圣经·约翰福音》第9章第1至3节。

但突然间，我看到一种可能性——我不是别人的包袱，不是有缺陷的，也没有受惩罚。我是上帝的特制品，用以显明他的作为。

15岁读到那节经文时，一阵我从未体验过的平静扫过心头。我一直在问为什么我生来就没有四肢，但现在我了解到，除了上帝，没有人知道答案。我只要接受这件事，然后相信他为我预备了种种可能性。

没有人知道我为何天生肢障，就像没人知道为什么那个人会生来眼盲。耶稣说，这是为了显明上帝的作为。

《圣经》里的那些话带给我喜乐和巨大的力量。我第一次知道，我无法理解为什么我没有四肢，不代表造物者遗弃了我。盲人得到医治，以完成上帝的目的；我没有被治愈，但我相信上帝对我的目的总有一天会显现出来。

你要知道，有时你并不会马上得到你所寻求的答案，但请凭借着信心往前行。我必须学着相信人生有种种可能性，而如果我能拥有这样的信心，你也可以。

想想看，当我还是个孩子时，根本不可能知道，我竟然会因为没有四肢，而有机会到那么多国家带给许多人充满希望的讯息。艰困的时光与种种沮丧并不好玩，你不必假装很享受，但请你相信前方可能会有更美好的日子，有一个圆满而充满意义的人生。

## 让我决定成为演说家的种子

我第一次亲眼目睹“相信你的人生命定”[①]的力量，是高中时听一位叫

①命定指的是相信上帝对你的生命有一个得胜的计划，而人生就是实现与实践这个命定的过程。

瑞基·达伯斯（Reggie Dabbs）的美国激励讲师的演讲。那天，他的任务实在很艰难，因为有1400个孩子来听讲，空气又热又黏，音响设备烂透了，有时发出爆裂声，有时噼啪作响，有时干脆不发声。

听众原本静不下来，但后来被瑞基的故事完全吸引。他说他是路易斯安那州一位妓女未婚怀孕的小孩，十多岁的小妈妈原本打算堕胎来解决这个“小麻烦”，但幸好她后来决定生下瑞基。怀孕之后，因为她既没有家人，也没有地方住，于是就搬进一间鸡舍。

某天晚上，她蜷缩在鸡舍里，觉得害怕又孤单，于是想起以前一位非常富有同情心的女老师，老师说过如果需要帮助，可以打电话给她。那位老师就是达伯斯太太。达伯斯太太从田纳西州的家开车到路易斯安那州，把这个怀孕的少女带回家。她和先生有六个小孩，都已经成年。他们决定收养瑞基，让他姓达伯斯。

瑞基说，这对夫妇灌输给他坚定的道德价值观。他们教会他最重要的事情之一，就是无论身处何种情况或环境，他永远可以选择要用负面或正面的方式回应。

瑞基告诉我们，他几乎都能作出正确的决定，因为他相信自己人生中的各种可能性。他不想往坏处想，因为他知道生命中有许多好事在等着。瑞基有一段话深得我心：“你永远无法改变过去，但你能改变未来。”

我把瑞基的话听进去了，他感动了我们所有人，也在我心中撒下一颗种子，让我想成为演说家。这个谦卑的人在短短几分钟内，就可以对一大群躁动不安的孩子产生正面影响，我非常喜欢这样的事。然后，我想到他搭飞机绕着地球跑，到处给人演讲，这也很酷——他给人带来希望，而且还有收入耶！

那天放学时，我心想：或许有一天我也能像瑞基一样，有个好故事可以跟人分享。

我想告诉你，或许你现在尚未找出一条路，不过，你没看见不代表它不存在。请抱持信心，你的生命故事还有待展开，而我知道那肯定会是不可思议的精彩篇章。

# LIFE WITHOUT LIMITS

## 第四章

## 爱上不完美的自己

我曾在一次巡回东南亚时，在新加坡对超过300位企业领袖和创业家演讲。演讲结束，礼堂也清场后，一位高贵的男士跑来找我。从外表看来，他就跟刚才任何一位听众一样，成功且充满自信，所以当我听到他的第一句话时，觉得非常惊讶。

“力克，帮帮我。”他恳求着。

随后我知道，这位事业有成的男士拥有三家银行，但是他谦卑地请我帮助他，是因为财富无法让他避免他正在经历的极端痛苦。

“我有个很棒的女儿，今年14岁。不知为了什么可怕的理由，每次她看到镜子里的自己都说丑死了。”这位父亲说道，“她完全看不到自己的美好，这真的让我伤透了心。我该如何让她看见我所见到的呢？”

这个男人的悲痛很容易被理解，因为对父母来说，最难承受的就是看着自己的儿女受苦。他正试图帮助女儿摆脱“自我厌弃”，这是非常重要的，因为如果年轻健康时都无法接受自己，那么等到年纪大了，身体又有病痛时，该怎么办呢？而且如果随随便便就厌恶自己，以后也很容易因为上百个任性且毫无价值的理由而讨厌自己。如果你一直把注意力放在缺点，而不是你的长处上，青春期的不安会让人掉入向下的螺旋之中。

《圣经》告诉我们，人是“奇妙可畏的受造物”[1]，那么，为何爱自己本来的样子，会是如此困难？为什么我们常常觉得自己不够美、不够高、不够瘦、不够好？我相信这位新加坡父亲一定用了非常多的爱与赞美，试图为女儿建立自信与自尊。父母与爱我们的人可能费尽一切心力，要让我们变得更坚强、更有自信，结果同学或主管、同事一句恶劣的批评，就让他们前功尽弃。

当我们让别人的意见左右我们对自己的感受，或是去跟别人比较时，就会变得脆弱，并落入受害者心态。当你不愿接受自己，也就不太愿意接受别人，结果只会导致孤独与孤立。有一次，我在对一群青少年演讲时提到，想要让自己更受欢迎的渴望，其实常常会让人排斥那些比较不引人注目或不是运动健将型的孩子。为了更清楚地说明我的观点，我提出一个很直接的问题：“你们有多少人会想跟我做朋友？”

还好，大部分人都举手了。

接着，我又扔出另一个让他们很困窘的问题：“所以，我长得怎么样没关系，对不对？”

我让现场的孩子们思考几分钟。我们刚刚才谈到为了融入同侪，现代青少年花了太多时间在烦恼该如何穿衣服、该剪什么样的酷发型、体重不要太重也不要太轻、肤色不要太黑也不要太白之类的事。

“你们怎么会想跟一个没手没脚的家伙做朋友——他应该是你们碰过最怪的家伙——但是却不理某个同学，只因为他没有穿对牛仔裤，没有干净的肤色或标准身材？”

当你用严苛的标准评断自己，或是在自己身上加诸强大的压力时，就很容易批判他人。当你像上帝爱你一样地爱自己、接纳自己，就打开了通往平

---

①《圣经·诗篇》第139篇第14节：“因我受造，奇妙可畏。”

静与圆满的大门。

青少年与年轻人背负巨大的压力，似乎全球皆然。我曾应邀到韩国演讲，因为这个发展快速、辛勤工作的国家出现了日益严重的忧郁和自杀现象，让我很担心。

100年前，韩国几乎没有基督徒，如今根据估计，当地4800万的人口中，有三分之一自认是基督徒。然而，即使在属灵方面有如此大的成长，因为长时间工作的关系，这里的人仍然活在高度压力中。校园里的压力也很大，许多年轻人认为，只有“第一”才值得追求，所以让自己绷得很紧。如果不能到达顶尖的位置，他们就觉得自己输了。我告诉韩国的学子，即使考试没过，也不会让他们变成失败者。在上帝眼中，每个人都有价值，我们应该像他爱我们一样爱自己。

我所宣扬的爱自己与接纳自己，并不是指自私、自负。这种爱自己的形式其实是“没有自己”(self-less)：你的付出超过你所得到的；不等别人要求就自动供应；拥有的东西不多时依然与人分享；你借由带给别人欢笑而找到快乐；你爱自己是因为你不是只在意你自己；你对自己原本的样子很满意，因为你让别人在你身旁很高兴。

但假如你就是无法爱自己，因为没有人爱你呢？我想，这是不可能的。你知道的，你我都是上帝的孩子，我们都拥有他无条件的爱、他的怜悯和他的宽恕。每个人都应该爱自己，了解自己是不完美的，并原谅自己的过错，因为上帝已为我们做了这一切。

我曾经在南美哥伦比亚的一个戒毒中心演讲，听众包括吸毒者和曾经有过毒瘾的人，他们几乎不尊重自己身为人的价值，以至于用毒品摧毁人生。我通过翻译向他们保证，无论已经吸毒多久，上帝都无条件地爱他们。听到我这样说，这些人的脸上有了光彩。如果上帝愿意赦免我们的罪，像那样爱我们，为什么我们不能原谅自己、接纳自己？

就像那位新加坡银行家的女儿一样，这些哥伦比亚的毒瘾者也迷失了。他们因为某些理由贬低自己，觉得自己不配拥有最好的人生。我告诉他们，每个人都值得拥有上帝的爱，如果他赦免我们、爱我们，我们也应该原谅自己、爱自己，然后尽全力追求最美好的人生。

当耶稣被问到最重要的诫命是什么时，他回答：第一条是尽心、尽性、尽意、尽力去爱上帝；第二条是要爱邻舍如同爱自己。[①]爱自己并非自私、自满或以自我为中心，而是将你的生命视为一份礼物，好好地照顾与分享，为人们带来祝福。

不要执着于自己的不完美、失败或错误，而是要把焦点放在你所领受的祝福，以及你可以做出的贡献，无论贡献的是才华、知识、智慧、创意、勤奋，还是一个滋养人心的灵魂。你不必为了达到别人的期望而活：你可以定义自己的完美。

## 自恋不叫作爱自己

精神病学家兼作家伊丽莎白·库伯勒·罗斯（Elisabeth Kubler Ross）说过：“人好像彩绘玻璃窗，当外头有阳光时，玻璃窗看来闪闪发亮。然而一旦黑夜来临，只有从里面发光，它们真正的美才会显露出来。”要活得无所局限，特别是要战胜沮丧、药瘾、酒瘾或其他重大挑战，你必须打开内在的灯光。你要相信自己的美好与价值，相信你是个可以发挥影响力的人、重要的人。

---

①《圣经·马太福音》第 22 章第 36 至 39 节；《路迦福音》第 10 章第 27 节。

找到自己的目的，是活出没有限制的人生的第一步。而即使面对困难，依然对未来抱持希望，对生命的各种可能性怀抱信心，则会让你继续向目标迈进。但要实现梦想，你内心深处必须相信自己值得拥有成功与幸福：你必须爱自己，就像上帝爱所有对自己忠实的人一样。

我有个朋友对自己很满意，总是很平和，而且热情地发展自己的天赋，所以时时散发出美好的感觉。我喜欢跟他在一起，每个人都喜欢，为什么？因为他由内在发光。他喜欢自己，但不会让人觉得“你真拽”的那种喜欢；他相信自己是个蒙福的人，即使事情不顺心，即使他像你我一样苦苦挣扎时，依然如此。

你一定认识这种会散发愉悦气息的人，就像你可能也会认识完全相反的人，他的苦毒和自我厌恶让每个人都想逃开。假如不接受自己，不但会导致自我毁灭，还会被孤立。

如果你没有从内在发光，可能是因为你仰赖别人给你肯定、给你信心、让你觉得自己被赏识。但这条路一定会走向失望，因为你必须先接受自己才行。衡量你身为人的美好与价值唯一的基准，在你的内在。

我知道说的比做的简单，我自己也有过挣扎。由于父母是基督徒，我从小就被教导耶稣爱我，而我是上帝按他计划所造的完美创作。不过，只要某个流鼻涕的小鬼向我冲过来，对我大叫“你是怪物”，父母以《圣经》为内容对我所作的教诲，以及家人为了鼓励我所作的一切努力，马上就垮了。

生命可能会很残酷。人们也许是不为他人着想，或者单纯就是坏，所以你必须向内寻求力量。如果内在力量不行，你总是可以向上仰望上帝，他是力量与爱的终极源头。

接纳自己与爱自己非常重要，不过，这两个概念近来却常常被误解。你应该因为自己反映了上帝的爱，因为自己来到这个世界是要做出独特贡献而爱自己的。有太多青少年和成年人接受了一个比较肤浅的含义，认为接纳自己与爱自己就是自恋或自我耽溺，这是因为实境秀、电影、播客和网络影片不断地推销对美貌与名流的崇拜。你在看那些节目时，很容易就会忘了人生有比美貌、奢华生活和勾搭上某人更重要的目的。无怪乎愈来愈多的名流出现在戒毒中心而不是教会，他们中有太多人崇拜的是错误的虚荣、骄傲与放纵之神。

我无法想象过去有哪个时代像现在一样，被满满的谎言包围。我们成天被这样的讯息轰炸：你必须有某种外形、某种车子、某种生活形态，人生才算圆满、成功，才会有人爱你、欣赏你。许多人认为拍色情影片是通往名声、财富和成就的捷径，这种现象让我们的文化岌岌可危。

如果狗仔队有兴趣的对象是努力求知、获取更高学历的大学生，或是把药品和希望带到贫困地区的宣教士，而不是去跟踪那些前科累累、身上布满针孔、多次进出戒毒中心的人，你觉得这样是不是好多了？但这个世界还没有彻底迷失，因为我看到许多男女老少去参加宗教仪式和节庆，通过学习爱邻舍来寻求满足；我看过青少年和成年人利用假期，到第三世界国家帮人盖房子，到北美一些贫困地区服务有需要的人。所以，并非每个人都沉迷于整形、抽脂减肥和LV包包。

当你被物质事物和表相的美丽困住，当你让别人决定你的价值时，你就是过度地自我放弃，也浪费了你所领受的福分。有个叫克莉丝蒂的女孩在看过我的DVD之后，写信给我："你让我明白，如果不爱自己，别人爱你又有何意义！我大约一年前见过你，这是第二次，我觉得应该让你知道你对我的影响。你教会我要为自己站起来、要爱自己本来的样子、要照我想要的方式生活……现在，我对自己的感受已经改变了，男友也注意到我的大转变，他非常感谢你。以前他一直很怕我有一天会做傻事、会自杀，但现在我已经改变，人生快乐很多了！"

## 找出一个你喜欢自己的地方，一个就够

我的话能够引起克莉丝蒂的共鸣，是因为我也曾经像她一样。7岁时的某一天，我在学校过得特别痛苦，经历了排斥与沮丧。回到家后，我瞪着镜子看了几个钟头。大部分青少年担心的是青春痘或头发顺不顺，这些问题我都有，除此之外，我还缺少四肢。

“我真是个长相怪异的家伙。”我想着。

悲伤淹没了我。我纵情自怜了五分钟，接着内心深处有个声音说道：“好了，就像妈妈说的，你就是少了几个零件，但你有些地方也很好。讲一个，有胆你就讲一个，只要一个就够了。”

我看着镜中的自己好一会儿，最后终于想到一件正面的事。

“我的眼睛不错，有女生说过我的眼睛很好看。就算没别的，我还有这个，而且没人能改变这一点！我的眼睛永远不会变，所以我永远都会有漂亮的眼睛。”

当你因为受到伤害，或是被人欺侮、鄙视而情绪低落时，就去照镜子，然后找出一个你喜欢自己的地方。不一定是长相，也可能是才华、性格，反正就是能让你对自己感觉良好的特质。然后花一些时间好好思考你这个特点，对它表达感激，并且要知道，你的美好与价值来自于你被创造成一个独特的人。

不要自我放弃，说自己“没什么特别的地方”。我们对自己太严苛了，特别是不当地拿自己去和别人比较时。我跟青少年谈话的时候就特别注意到这一点，好多孩子觉得自己很矬，要不然就是觉得没人会爱他。

所以在学校或青年团体演讲时，我常常向在场的青少年强调：“我爱你们本来的样子。在我看来，你们漂亮得很。”

这些简单的话从我这个长相怪异的陌生人口中讲出来，似乎总能激起一

阵涟漪——事实上，这些话引起相当大的反应。

典型的反应是从一阵隐约的啜泣声或压抑住的抽鼻子声开始，我会看到一个女孩低着头，或是一个男生用手捂住脸。接着，强烈的情绪仿佛会传染似的横扫整个演讲会场。眼泪从那些年轻的脸庞滑落，肩膀因为想抑制啜泣声而颤抖。女孩们依偎在一起，男孩子则离开会场，不想让人看到他们的脸。

头几次发生这种情况时，我吓了一跳，心想这是怎么回事？他们的反应怎么这么激烈？

我的听众解答了我的疑惑。演讲结束后，不分老幼都排队要拥抱我，分享他们的感受。通常这个队要排上好几个小时，反应热烈。

现在的我可以算是个帅哥，不过人们可不是冲着我的潇洒才花几个钟头排队等着抱我。真正吸引他们的是，我拥有许多人生命中欠缺的两项强大力量——无条件的爱与自我接纳。

我收过许多E-mail和信件，也跟很多人聊过，老少都有。这些人都曾经想过要自杀，因为他们失去了爱自己的能力。当你受到伤害时，会筑起高墙，免得再被伤害一次，但是你不能在心的周围筑起一堵内在的墙。如果你爱自己原来的样子，爱自己内在或外在天生的美，人们就会被你吸引，然后也看见你的美。

## 爱自己爱到可以嘲笑自己

亲朋好友会说我们很好看、他们爱我们、困难的阶段就要过去了等等，一天可以说上100次，但我们常常不在乎这些支持的话，非要抓住伤痛不可。我有好一段时间也是这样，父母常常得花好几个星期来消除某一两位嘲笑我的小孩所造成的伤害。然而，当有个跟我同龄的人终于向我伸出手时，我转变了。记得以前班上有个女生说我“很好看”，让我飘飘欲仙了一个月。

当然，不久之后，13岁的我有天醒来，发现鼻头冒出一颗青春痘，它可不好看。这是一颗熟番茄形的超大青春痘。

“看看这个，这也太惨了吧。”我告诉妈妈。

“不要抓它。”妈妈说。

用什么抓？我很好奇。

带着这颗青春痘去上学时，我觉得自己是地球上最丑的男孩。每次经过一间教室，在窗户上看见自己的倒影时，我只想逃开、躲起来。其他的孩子猛盯着我的痘痘瞧，我真希望它消失，但两天后它却变得更大了，成了全宇宙最大、最红的青春痘。我开始担心，有一天这颗痘会变得比我整个人还重。

这颗怪物青春痘并没有消失，八个月后还在那里。我觉得自己就像澳大利亚版的“红鼻子鲁道夫”[①]。

后来，妈妈终于带我去看了皮肤科医生。我跟医生说，就算要动大手术，我也要把这东西弄走。他用超大的放大镜仔细检查——仿佛他看不见这颗痘子似的，然后说：“嗯，这不是青春痘。”

我心想，管它是什么，帮我弄掉就是了，可以吗？

“这是皮脂腺肿大，我可以切掉或烧掉，但无论用哪种方法，留下来的疤痕都会超过原来这个小红点。”他说。

---

① Rudploh the Red Nose，鲁道夫是只红鼻子麋鹿，因为跟其他的鹿不一样，经常被欺负。有次遇到大风雪，能见度非常低，圣诞老公公看到鲁道夫的红鼻子在大雪中十分明显，就叫他带头，最后顺利把礼物发送完，而红鼻子鲁道夫也成了英雄。

小红点？

“它大到我都看不见它周围了。”我提出异议。

“你宁愿带着疤痕过一辈子吗？”医生问道。

这个巨大的非青春痘继续留在我的鼻子上。我祷告，也为它苦恼了好一阵子，但最后我了解到，这颗红色发亮的小球不会比我没有四肢这件事让我更容易被人消遣。如果人家不愿意跟我讲话，那是他的损失。我决定要这么想。

如果我发现有人正盯着它瞧，我会开玩笑说我正在养另外一个鼻子，打算将来拿到黑市卖掉。当别人发现我可以嘲笑自己，就跟着我一起笑了起来，而且心有戚戚焉。毕竟，谁没长过青青痘？就算布拉德·皮特也有哇。

有时候，是我们自己把事情看得太严重，才会让小事变大。青春痘是其中一个例子。我们都是全然不完美的人类，有些人或许比其他人好一点，但每个人都有缺陷和短处。不要把每个面疱或皱纹看得太严重，因为有一天，你碰到真正麻烦的大事，那时你要怎么办？所以，当生命让你头上、鼻子上肿了几个小包时，不妨一笑置之吧。

## 美是盲目的

你知道什么是真正可笑的吗？虚荣心非常可笑，因为当你认为自己漂亮、性感、值得登上时尚杂志的封面时，生命马上会让你知道，美真的是由观者决定的，而且外在的美根本无法与内在美相提并论。

最近，我遇到一位澳大利亚的盲眼小女孩，我们一起参加一项叫作“乐跑”的活动，为贫穷的孩子募集医疗设备。这个女孩大约五岁，活动结束后，她妈妈介绍她跟我认识，并向她解释我生来没有手也没有脚。

盲眼的朋友通常会要求碰触我的身体，好了解没有四肢是什么模样。我不介意，所以当这个女孩问她妈妈可不可以让她自己“看看”是怎么回事时，我同意了。她妈妈牵着她的手从我的肩膀摸起，一直摸到我的小左脚。小女孩的反应很有趣，当她碰到我空荡荡的肩窝和奇怪的小左脚时，显得很平静。然后，当她把手放到我脸上时，她尖叫了起来！

这也太好笑了吧。

“怎么了，我长得太帅吓到你了吗？”我笑着问道。

“不是的！你怎么都是毛？你是狼吗？”

她从来没摸过络腮胡，所以摸到我的胡子时，她吓坏了。她跟她妈妈说，我脸上有这么多毛还真可怜。对于什么叫作有魅力，这个女孩有她自己的想法——我的胡子显然不是她的菜。我倒不会生气，反而很高兴再次被提醒：美是由观者的眼睛和触摸所定义的。

## 我的美就在于我的“不同”

人真的很无聊。我们花了一半的时间融入人群，然后再花另一半时间企图让自己显得突出。怎么会这样？我有这种状况，相信你也有，因为这似乎很普遍，是人性的一部分。为什么我们就是无法对自己满意，不知道自己是上帝的造物，用以反映他的荣耀？

还在念书时，我费尽心力想融入周遭环境，就像大多数青少年一样。你有没有注意到，即使是想要“与众不同”的青少年，也总是和那些穿着、谈吐、举止都跟他们差不多的人混在一起？那是怎么回事？如果你跟身边的人一样，穿黑色衣服、涂黑色指甲油、抹黑色唇膏、画黑色眼线，这样你会有什么出众之处？不是反而成了随众吗？

在身上刺青和打洞曾经被视为粗犷个人主义的表现，不过，现在连婆婆和妈妈都去刺青、打洞了呢。想要表现你的独特性，应该有比跟随一时的流行更好的方式吧？

我采取的态度或许可以供你参考：我认定我的美就在于我的“不同”，因为事实上，我就是跟人家不一样。我就是独一无二的我，从来不会有人认为我很“一般”，或者叫我“另一个家伙”。在人群中，我站起来可能不高，但肯定很醒目。

这个态度对我还挺管用的，因为无论大人还是小孩，第一次看到我都会有一些很奇怪的反应。小孩子会认为我是从另外一个星球来的，或者是某种怪兽；青少年比较会乱想，所以他们觉得我是被斧头杀人狂砍断手脚之类的；大人也会有奇怪的结论，常常怀疑我是人形模特儿或玩偶。

有一次去加拿大拜访亲友，他们第一次带我去进行万圣节的“不给糖就捣蛋”活动。他们找来一个很大的恐怖老人面具，套在我整个身体上，然后抱着我挨家挨户去拜访。一开始没引起什么反应，后来我们发现原来大部分人都以为我不是“真的人”——有一位女士把我最喜欢的棒棒糖塞进我的袋子里，我就跟她说：“谢谢！不给糖就捣蛋！”结果把这位女士吓得往后跳开。

“里头有个小孩吗？”她大叫，“我以为你们带的是个洋娃娃！”

“嗯，我是很可爱的。”我心想。

当我也很爱闹时，还颇能享受这种独特性的种种好处。我喜欢跟堂兄弟姊妹和朋友们在购物中心乱逛。几年前的某天，我们在澳大利亚一家购物中心看到邦兹内衣的橱窗展示——邦兹是个历史悠久的内衣裤品牌。橱窗里的人形模特儿穿着邦兹的白色紧身内裤，这个模特儿的身体跟我一样，只有头和躯干，没有四肢——但是有六块漂亮的腹肌。那天我刚好也是穿邦兹内裤，因此我的堂兄弟跟我决定让我也去当橱窗模特儿。我们走进店里，堂哥和堂弟把我举起来，放进橱窗里，让我就站在那个人形模特儿旁边。

接下来的五分钟，鱼儿不断上钩。每当有人停在橱窗前，或是看我一眼，我就扭一扭、笑一下、眨个眼、鞠个躬，结果把他们吓坏了！当然，这个小把戏让我的“共犯”在店外头笑到快翻过去。后来他们说，如果我的演讲事业不怎么顺利的话，应该可以去百货公司当展示用的假人。

## 打开内在的爱之光

我已经学会用笑来面对身体上的障碍，以及它所引起的奇怪反应。不过，当你怀疑自我价值，或是无法爱自己原本的样子时，有更好的方法可以克服这些问题——与其执着于内在的痛苦，不如走出去，想办法减轻别人的痛苦，把注意力放在需要帮助的人身上。

例如，去收容所当义工、帮孤儿募款、为地震灾民发起义卖，或是参加慈善性质的健走、骑单车或舞蹈马拉松等活动以募款。你要站起来，走出去。

当我这么做的时候，发现这可能是打开自己内在的爱之光最好的方式。

如果你无法解决自己的问题，就去解决别人的吧。毕竟，施比受更有福，不是吗？如果你不爱自己，就把自己送给别人，你一定会对这样做让你觉得自己多有价值而感到十分惊讶。

我是怎么知道的？拜托，老兄，看看我，看看我的人生。在你眼中，我像个快乐又满足的人吗？

隆鼻无法给你充满喜悦的人生，法拉利不会让你被数百万人景仰。你内在已经拥有值得被爱、被珍惜的东西，现在只要将它们释放并扩大。你不会永远都是完美的，这样很好。人生的目的不是获得完美，而是探索完美。

你想要继续努力、继续成长、继续付出你能付出的一切，如此一来，你就可以在最后回首人生时说："我已经尽全力了。"

现在就看着镜子说："这就是我的样子，我愿意接受挑战，成为最好的自己。"你是美丽的，因为上帝按着他的目的创造了你。而你的挑战在于，要找出那个目的，然后以希望作燃料，用信心驱动，并且尽量运用你的"独你性"(you-niqueness)。

要治愈自怜和受害者情结，唯一有效的方法就是爱自己、接纳自己。毒品、酒精和糜烂的性生活只能给人暂时的解脱，最后带来的是更大的痛苦。当我将自己视为上帝的孩子，而且是他计划的一部分时，我的生命彻底改变了。或许你不信基督，但你总可以相信到地球上走这一遭，肯定有你的价值和目的。

## 做个朋友，要快乐呀

要找到内在的快乐，我建议你不要只把焦点放在自己身上，要用你的天赋、聪明才智和性格去帮助他人创造更美好的人生。我曾是接受的一方，而那样做改变了我的生命，这么说一点也不夸张。

16岁时，我就读于昆士兰的朗孔高中。放学后，我通常必须等一两个小时才有车回家。这段时间，我四处跟其他同学或阿诺先生聊天。阿诺先生很了不起，他不是校长也不是老师，而是学校的工友，但他却是个从内在发光的人。他颇能自处，穿着工作服一样怡然自得，所以每个人都很尊敬他，喜欢跟他在一起。

阿诺先生什么都能聊，他充满灵性，而且很有智慧。午餐时，他偶尔会跟一些年轻人讨论基督信仰，也邀请我参加，即使我跟他说，我对宗教不是那么有兴趣。不过我很喜欢他这个人，所以也开始参加他们的聚会。

阿诺先生鼓励大家谈谈自己的生活，但我总是拒绝。“说嘛，力克，我们都想听听你的故事。”他说，“我们想更了解你，想多知道一些你的想法。”

我拒绝了三个月。“我没什么故事好讲的。”我这么说道。

最后因为磨不过他，加上看到别的孩子都能坦然地说出自己的感受和体验，于是我终于答应下一次会跟大家聊聊我的事。我非常紧张，事前还准备了写满重点的卡片（很蠢，我知道）。

我并没有想要感动谁。我告诉自己，我只想把这件事做完，然后走人，就这样。但是，有一部分我却很想让其他人知道，我也有跟他们一样的感觉、伤痛和恐惧。

那天我大约花了十分钟，谈到没手没脚的成长过程是什么状况。我说了难过的事，也提到好玩的事。另外，我不想让自己像个受害者，因此也讲到得意的事。而既然这是个基督徒的团体，于是我提到有时我会觉得上帝遗忘了我，或者，我是他极少数的失误。接着，我向大家解释我是如何慢慢了解到，或许上帝对我有个计划，只是我还不明白那是什么。

“我正慢慢学着要有多一点信心，明白自己不是个失误。”我加上这一句，试图逗大家开心。

总算讲完了，我松了一口气，觉得好想哭。然而让我讶异的是，房间里大多数孩子反倒都哭了。

“我有那么糟吗？”我问阿诺先生。

“不，力克，”他说，“你好棒。”

起先我觉得他只是好心，而这群孩子也只是假装被我的演讲感动。毕竟他们是基督徒，为人本来就应该很好。

然而，之后有个人邀请我到他教会的青年聚会分享，另一个孩子则请我去他教会的主日学演讲。接下来的两年里，我应邀到许多教会、青年团体与服务性社团分享我的故事。

高中时期，我曾特地避开基督徒团体，因为我不想被当成整天传教的宗教狂热分子。我故意表现得很粗鲁，有时还骂脏话，好让人觉得我很“正常”而接纳我。但事实上，是我还没接纳自己。

显然，上帝颇有幽默感，他把我拉进我努力想逃开的团体去演讲。也就是在那里，上帝显明了他对我人生的计划。他让我知道，即使我并不完美，但可以和人分享的东西却很多，可以让别人的人生过得更轻松的祝福也很丰富。

你也是一样。我们都不完美，所以必须分享自己得到的美好馈赠。向自己的内在探寻吧，那儿有熠熠盛光，正等着发亮。

# LIFE WITHOUT LIMITS

## 第五章

## 态度决定高度

我开了一家公司，专门安排我的演讲活动。我将公司取名为“态度决定高度”，因为如果不是有正面的态度，我不可能超越自己的肢体障碍，也不可能接触到那么多人。

或许你觉得“调整态度”的概念很好笑，因为在许多励志广告或教练技能教材里，这已经是老生常谈了。然而，控制并调整态度的确具有力量，可以让人转换情绪，并停止画地为牢的行为。心理学家兼哲学家威廉·詹姆斯（William James）说过的“改变态度就能改变人生”，是他那个时代最伟大的发现之一。

不论是否能够意识到，你总是会通过自己独特的观点或态度来看待这个世界。你的决定与行动奠基于这些态度，因此当事情行不通时，你有能力借此来调整态度，改变自己的人生。

请把“态度”想象成电视机的遥控器。假如现在正在看的节目对你没有任何帮助，你就拿起遥控器转台；而无论碰到什么挑战，当你没有得到想要的结果时，你可以调整态度，就像用遥控器转台一样。

琳达是个音乐老师，她写信告诉我，她如何以惊人的态度帮助自己克服儿时车祸带来的影响。若非如此，那场车祸很可能毁了她的一生。小学三年级时，琳达在一场车祸中伤得很严重，昏迷了两天半。醒来后，她不能走路，不能说话，也无法吃东西。

医生曾担心琳达的脑部会受损，永远无法正常说话或走路，但幸好她的心智、语言能力和身体都逐渐复原。事实上，目前琳达的确因为车祸留下了后遗症，车祸造成她的右眼视力不足。

这位女性承受了难以想象的痛苦，经历许多次手术，依然留下视力受损这个问题。如果琳达觉得生命对她真不公平，似乎也不能怪她，毕竟有这样的遭遇，本来就很容易让人觉得受害、痛苦。不过，她选择了这样的态度：

“我的两眼视力不平衡，有时会让我感到挫折，但这时我想起自己从何而来、要去向何方，并了解到上帝拯救我是有理由的：要见证他在我生命中施行的作为。我的眼睛是上帝给我的提醒，让我知道自己并不完美，但不完美没有关系。另外，我必须全然仰望上帝给我力量。上帝选择通过我眼睛的缺陷，显明它的能力——我虽软弱，但必刚强。”她如此写道。

琳达选择把她不完美的视力当作上帝“对她人生的完美计划”的一部分。她写道：“他改变了我对人生的态度。我知道自己的生命随时可能结束，所以我时时刻刻都努力为上帝而活。另外，我也试着用正面观点看待每一件事，努力将自己的全部献给上帝与众人，真心关怀周遭的人。”

琳达选择去感谢她可以思考、说话和走路，而且在许多方面都能正常生活，而不是一直把注意力放在自己视力不足这件事情上。你我也可以选择像她一样的态度。

你不必是个圣人就能做到这一点。当你遇上悲剧或个人危机时，会经历恐惧、生气和悲伤等阶段，这很正常，也很健康。但是到了某一个时间点，你得告诉自己：“我还在这里，我是要把余生都用来沉浸在悲情之中，还是要超越现况、追求梦想？”

这么做很容易吗？不，一点也不。你必须有极大的决心，还要很清楚自己的人生目标是什么，要抱持盼望与信心，并相信自己真的拥有可以与人分享的才能和技艺。有许多人已经证明了正面态度的确可以让人克服难关，琳达只是其中一个例子。你我真的无法掌控所发生的事，但我们可以控制自己如何回应。如果选择正确的态度，就能超越挑战——这虽然是老生常谈，却是经过时间考验、无可否认的真理。

你或许无法掌控下一件倒霉事：龙卷风袭击你的房子，醉汉撞到你的车，老板炒你鱿鱼，你的另一半跟你说“我需要自由的空间”。我们经常被生命偷袭，你可以悲伤、难过，但之后要把自己拉起来，问：“好，接下来是什么？”哭够了，发泄完了，就振作起来，调整你的态度。

## 改变态度就能改变人生

你不必吃药、看精神科医生、上山求道于大师，也可以改变态度、改变人生。这本书一再鼓励你要找到人生的目标，对未来抱持希望，对生命的种种可能性有信心，而且要爱自己本来的样子。这些特质让你有理由乐观，而乐观正是调整态度的力量来源，就像遥控器的电池。

你见过有人可以成功、满足且快乐，同时又抱持悲观思想吗？我是没有了，那是因为乐观让人充满力量，给人控制情绪的能力，而悲观则会削弱意志，因而让心情控制行动。拥有乐观的看法，你就可以调整态度，充分利用不好的情况。有时人们会把这个叫作“换框法”（reframing），意思是当你无法改变环境时，可以改变看待环境的方式。

一开始，你可能必须有意识地这么做，但只要练习一阵子，就会变成自发行为。刚展开演讲生涯时，如果碰到班机取消或转乘其他交通工具不顺利，我常常会发脾气，觉得很受挫折。但最后我不得不面对一个事实：像我这种频繁旅行的人，难免会碰到一些状况。另外，我年纪也大了，不适合老是发飙，而且生气时没有脚可以跺两下，实在不带劲。

我必须训练自己拥有在旅程不顺时调整态度的能力。现在，当我们被迫在候机室等上几小时，或者必须突然改变行程时，我会从正面的角度诠释那些负面事件，以避免压力、挫折或愤怒上身。我会激发一些乐观的想法，例如："我们的班机是因为天气不好才会延误，这样很好，等暴风雨过了再登机不是比较安全吗？"或者"班机取消是因为机械故障，我宁愿在地上等待一架没有问题的飞机，也不愿意搭上有状况的飞机。"

当然，我还是希望旅途顺利，不想有那么多波折，但如果不调整态度，我就会老是想着负面的事，那样实在很不健康。当你允许环境脱离你的控制去决定你的态度和行动时，就可能会掉入一个不断向下的旋涡里：草率决定、误判形势、反应过度、太早放弃、错失机会——错失那些总是在你认为人生不可能变好的情况下出现的机会。

悲观主义和负面性会让你无法超越现况，永无翻身之日。因此，当你觉得负面思维让你血液沸腾时，要把它们赶出去，然后用比较正面和激励的内在对话来取代。这里有个负面思想与正面思想的对照表，可以帮助你监督自己内在的声音。

| 负面 | 正面 |
| --- | --- |
| 我不可能熬得过去。 | 这一切终将过去。 |
| 我再也受不了了。 | 我都走到这里了，好日子就在前方。 |
| 这是我碰到过最糟的状况。 | 有些日子就是会比较辛苦。 |
| 我永远找不到另一份工作。 | 一扇门关了，就会有另一扇门打开。 |

## 抱持正面态度，连癌症都能击退

我有个朋友叫乔克，40岁，去年发现他二十多岁时击退过两次的癌症又复发了。而这次因为肿瘤深入重要器官，医生没办法替他作放射线治疗，治疗后情况不好——事实上，他的状况很糟。身为丈夫、父亲，有一大堆家人和朋友，乔克有人生目标，也怀抱着希望、信心和对自己的爱，因此他采取这样的态度：他还不打算死。事实上，虽然身体有病，但乔克不认为自己是个病人。他决定保持乐观和积极的态度，专注地在人生中继续走下去。

在这个节骨眼儿上，没有人会认为乔克运气好，对吧？然而，他无法进行放疗这件事却成了好运，因为乔克的医生参与了一项癌症用药的实验，这个疗法不使用放射线，而是以药物针对个别肿瘤细胞攻击，然后杀死它们。既然传统的治疗方式不适合乔克的肿瘤，他有资格接受这个实验性疗法，但真正说服医生让乔克加入的是他的正面态度。他们知道乔克一定会善加利用这样的机会，而他也确实如此。

当这个癌症实验用药通过静脉注射导管注入体内时，乔克并不是平躺着接受治疗，而是一边在跑步机上跑步，一边接受注射，甚至还举重。就因为他的态度如此正面，精力如此旺盛，有些医护人员实在无法相信乔克是癌症病人。“你真的太不像‘正常’病人了。”

接受这个实验性疗法的几个星期后，医生告诉乔克发生了奇妙的事。“我找不到任何肿瘤的迹象。”医生说，“全都不见了。”

医生无法确定击溃肿瘤的，是这个实验性药物、乔克的态度，还是奇迹，或者是以上三者的组合。我只能告诉你，乔克离开医院时是没有癌症的，而且壮得像头牛。尽管一切迹象都显示他面临死亡，但乔克选择了正面态度，他并没有把注意力放在生病这件事上，而是放在他生命的目的上，并且抱持希望和信心，相信自己可以造福他人。

## 选择A级态度

请注意，琳达和乔克所选择的态度都让他们得以超越困境，不过他们选择的类型有些许不同：琳达选择充满感恩，而不是心怀苦涩；乔克选择采取行动，而非放弃。可以选择的态度很多，但我认为最有力的是：

1.感恩的态度；

2.行动的态度；

3.同理的态度；

4.宽恕的态度。

### 1.感恩的态度

这是琳达在车祸受伤后所采取的态度。她没有哀悼自己所失去的，而是对她重新找到的事物与建立起来的生活表达感激。我非常相信感恩的力量。演讲时，我常常提到我的小左脚，虽然我总是拿它开点儿玩笑，但我其实对这只小左脚满怀感激。我用它来控制轮椅的操纵杆，打电脑两分钟可以打四十几个字，在键盘乐器和电子鼓上玩音乐，还可以操作手机里所有的应用程式。

感恩的态度也会吸引那些感受到你的热情、支持你的梦想的人。有时候，这些人能以让人惊讶的方式鼓舞你，改变你的生命。小时候，妈妈经常念书给我听，《我爱的上帝》是我最喜欢的书之一。妈妈第一次读这个故事给我听，是在我6岁时。在那之前，我不认识其他没手没脚的人，所以没有可以学习的典范。而这本由琼妮·艾瑞克森·塔达（Joni Eareckson Tada）所写的书鼓励了我，也帮助我建立了感恩态度的基础。

琼妮是个游泳和马术选手。17岁时，就在她大学第一学期开始的几个星期前，她在跳水进入湖中时折断了脖子。那次意外发生在1967年，她的脖子以下全部瘫痪。琼妮在书中提到，她曾经因为瘫痪而绝望到想自杀，但最后她想通了："这不是宇宙丢掷的铜板，也不是命运的轮盘，而是上帝对我人生计划的一部分。"

我很爱这本书，后来妈妈又买了琼妮的歌唱CD给我，这是我第一次听到"我们都有车"这样的歌词。琼妮的歌里提到在轮椅上有多好玩，还告诉大家"没有人是完美的"。小时候，我会一次又一次地播放这些歌曲，到今天没事时还会哼上两句，因此你可以想象，当我第一次受邀去拜访琼妮时，会有多惊讶了。

2003年，我应邀到美国加州一所教会演讲。结束之后，一位替琼妮工作的年轻女性过来自我介绍，并邀请我去琼妮的慈善基金会——"琼妮与朋友们"。

拜访时，看到琼妮进到房间来，我都快晕了。她倾身给了我一个拥抱，这真是伟大的时刻。而因为四肢麻痹，琼妮的身体没什么力气，所以向我靠过来之后，她就没办法把身体拉回轮椅里。于是，我自觉地用自己的身体轻轻把琼妮推回去。

"你很强壮。"她说道。

当然，这话让我很激动。这位女士在我小时候给了我力量、希望与信心，而她现在说我很强壮！琼妮提到，一开始她也跟我一样，为身体上的缺陷所苦。她曾经考虑要驾着轮椅从一座很高的桥上摔下去，就此结束生命，但又担心这样只会伤了脑子，然后让人生变得更悲惨。最后，她选择祷告："上帝呀，如果我死不了，请让我知道如何活下去。"

意外发生后不久，朋友给了琼妮某节《圣经》经文的影本，上面写着："凡事谢恩，因为这是神在基督耶稣里向你们所定的旨意。"[1]琼妮那时还

①《圣经·帖撒罗尼迦前书》第5章第18节。

没有很深的信仰，对瘫痪一事仍怀着愤怒与挫折感，因此对这节经文很不以为然。

“你应该是在开玩笑吧？”琼妮说道，“我怎么可能对此心存感激？不可能。”

她的朋友告诉她不必对瘫痪感恩，她只要来个180度的转弯，对即将到来的祝福心怀感激就可以了。

那个时候，要琼妮认同这一点实在很难。她觉得自己是个受害者，说自己是“一场可怕跳水意外的受害人”。一开始，琼妮因为自己四肢麻痹而责怪每一个人，除了她自己。她要大家付出代价，她控告、苛求，甚至责怪父母把她生到这个世界来让她瘫痪。

琼妮觉得全世界都欠她的，因为她无法再使用手和脚。最后她了解到，受害者情结是个很好的逃避之处，每个人都可以声称自己是这个或那个不幸的受害者：有些人因为出身贫寒，有些则是因为父母离婚，或是身体不好、工作不顺、不够瘦、不够高、不够美丽，而觉得自己是受害者。

当我们觉得有权享受生命中的美好时，一旦发生了让人觉得不舒服的事，我们会有被剥夺、被伤害的感觉，接着就会责怪他人，无论如何就是要他们为我们的困苦负责。在一种以自我为中心的心态下，我们成了“职业受害人”。然而，“怜悯大会”是最冗长烦人、没有生产力又没有营养的活动，你只能不断听到“可怜、可怜、我好可怜”，这会让你焦躁不已，只想跑出去躲起来。

你应该像琼妮一样，放下受害者的角色，因为这个角色没有未来。琼妮认为，受苦将人带到交叉路口，我们可以选择向下走到绝望之处，或者采取感恩的态度，往上走向希望。一开始，你或许觉得心存感激很困难，但只要下定决心不再当受害者，并且一天一天执行，力量终究会来到。如果你就是没办法找到任何值得感谢的事，那就把焦点放在前方的好日子上，提前感恩。这样做可以帮助你建立乐观的感受，让你的心思摆脱过去，展望未来。

琼妮发现，扮演受害者只会把她往下拖，而且比瘫痪拖得更深。但是，感激已经领受和即将领受的祝福，则会鼓舞你。这样的态度可以改变你的生命，就像它曾经改变琼妮和我一样。我们不再因身体缺陷而愤怒、怨恨，而是建立起喜乐、满足的人生。

感恩的态度确实改变了琼妮的生命，然后她回过头来帮助我和许多看过她激励人心的畅销书和DVD的人，让我们的生命也改变了。她的基金会推动了一项计划，在全球102个国家免费分送了六万多把轮椅以及数千根拐杖和助步器给身障者。

琼妮四肢麻痹，我则是没手没脚，然而，我们都找到了人生的目的，并且追求它。我们拥抱希望而不是绝望，相信上帝与未来；我们接受自己并不完美，但拥有很棒的祝福；我们选择以感恩启动正面态度，并将正面态度化为行动，改变自己和别人的生命。

这不是励志海报，而是事实。借由选择感恩的态度，而不是受害者情结、苦涩或绝望的态度，你也可以克服任何挑战。但如果你觉得感恩很难，那还有其他对你或许有效的方法。

### 2.行动的态度

泰比莎的身障状况跟我很类似，然而她说："我一直觉得自己得到了很多祝福，因此必须偿还给宇宙一些。"她的行动派态度让她和家人开始制作"礼物包"，分送给重症和肢障儿童，以及收容所里的孩子。

有时你会发现，让自己摆脱陈规旧习或困境最好的办法，就是为自己或他人创造更美好的生活。苏格拉底说："让世界动起来之前，先让自己动起来。"如果你抓不到好运气，就自己创造一个。当你被巨大的损失或悲剧击倒时，给自己一段悲伤的时间，然后采取行动，从坏事中创造出好事来。

行动的态度会创造正面动能，第一步无疑最难。站起来离开舒适区，一开始似乎不太可能，然而一旦起身，就能前进，而只要前进，你就走上了脱离过去的路，迈向未来。就这样一步一步往前吧。如果你失去了某人或某物，就去帮助另一个人或做另一件事，当作纪念和致敬之意。

最具毁灭性的经历之一是失去所爱。失去家人、挚友所引发的悲恸，会让我们陷入瘫痪。除了可能因为爱过他们、认识他们、与他们相处过而感到欣慰之外，这样的状况没有可以感谢的地方。失去挚爱的痛让人无法忍受，甚至陷入瘫痪。这种痛不可能事先打预防针，然而也有人将哀痛化为行动，让失去变成善的力量。

凯蒂·莱纳（Candy Lightner）是个知名的例子。在13岁的女儿死于一场酒驾车祸之后，凯蒂将自己的愤怒和痛苦转为行动，成立了“反酒后驾车妈妈”组织，这个组织通过积极行动与教育计划，拯救了许多人的生命。

当悲剧袭来，我们会想要逃到某个地方大哭，希望心碎的感觉终有一天会减轻。然而有许多像泰比莎、琼妮和凯蒂这样的人，她们采取的是行动的态度，相信即使人生最惨烈的悲剧也能提供做好事的机会。卡尔森·莱斯利（Carson Leslie）就是这样一个不可思议的人。我遇见他时，他16岁，但他已经和癌症搏斗了两年。这位年轻的运动新秀拥有明亮的笑容，他的梦想是担任纽约洋基队的游击手。14岁时，他被诊断得了脑瘤，并且已经扩散到脊椎，所以他接受了手术、放疗和化疗。治疗过后，他的癌症进入缓解期，然后又复发了。

尽管经历了这一切，卡尔森还是尽力做个正常的孩子，过正常的生活。他经常提到他最爱的一节《圣经》经文，那是《约书亚记》第2章第9节：“我岂没有吩咐你吗？你当刚强壮胆！不要惧怕，也不要惊惶，因为你无论往哪里去，耶和华——你的上帝必与你同在。”

卡尔森说这不是他的“癌症经文”，而是他的“生命经文”。

"无论我能活多久，我都希望这节经文出现在我的墓碑上。当人们经过我的坟墓时，我要他们读到这节经文，想想它如何帮助我度过生命中的种种挣扎，也希望大家知道这节经文可以给他们安慰，就像我所得到的一样。"卡尔森在他的书《扶持我》里面这样写道。

这位不可思议的勇敢少年和他的英文老师一起完成这本书，为的是"替那些罹患癌症，却无法表达这样的疾病如何影响他们的青少年与儿童发声"。书刚出版，卡尔森就过世了，书的版税被用来成立卡尔森·莱斯利基金会，支持儿童癌症的研究。

这个年轻人多么无私呀。纵使病重又疲倦，他还是把人生最后的日子用来写书，以鼓励和帮助别人。我很喜欢他在书末写的一段文字："没有人知道生命为我们预备了些什么……但如果你知道勇气来自上帝，就很容易有勇气。"

我是通过一位珠宝商比尔·诺宝跟卡尔森碰面的。比尔有虔诚的信仰，常常邀请我到他的教会和其他团体演讲。比尔的孩子跟卡尔森念同一所学校，比尔把我们凑在一起，称我和卡尔森是"天国的两位将军"，不过已经被解除武装了[①]。

除了消遣我之外，比尔经常强调要让活着的每一秒都有意义，并且留给世人一些东西，就像卡尔森所做的一样——即使他还那么年轻。比尔常说："上帝并没有依照一个人在世的样子来定义他，就像《约翰福音》第6章第63节所说的：'叫人活着的乃是灵，肉体是无益的。我对你们所说的话就是灵，就是生命。'"

①原文在此用"disarm"这个单词，原意是"解除武装"，但把这个词拆开来，dis有"除去、剥夺"之意，而arm则是"手臂"，所以比尔这样说是在开力克的玩笑。

### 3.同理的态度

如果行动的态度超出你的能力，你还有另一个选择，一个来自内心的选择。

年纪愈大、人生经验愈丰富之后，我了解到当年我之所以会有自杀的念头，其中一个关键因素就是我经常以自我为中心。我认为没有人承受过像我一样的身心痛苦与挫折。那时，我的注意力全放在自己的境况上。

长大一些之后，我的心态有了很明显的改进，了解到其实世界上还有许多人的遭遇跟我一样，甚至面临比我更大的挑战。于是，我开始以更大的同理心去鼓励别人。2009年我去澳大利亚访问时，有位两岁半的小女孩就展现了令人动容的同理心。小女孩是我朋友的女儿，我之前从来没见过。她跟着父母来参加我们的聚会，有好一阵子，她一直对我保持距离，在远处仔细研究我，就像一般小孩常有的举动。当她的父母准备离开时，我问这个小可爱能不能给我个拥抱。

她笑了，小心地靠近我。当走得够近时，她停下来，看着我的双眼，然后把双手往背后折，仿佛表示她跟没有四肢的我是同一国的。接着，她又靠得更近一些，并把头放在我的肩膀上，用脖子拥抱我，如同她之前看到我做的那样。在场的每个人都被小女孩对我展现的同理心打动了。我有很多拥抱的经验，但我必须说，这一次的拥抱我永远忘不掉，这个小女孩真是有认同他人感觉的惊人天赋！

同理心是很棒的天赋，我鼓励你把握每一次机会练习并分享，因为它会让施与受双方同样得到治疗。遇到困难、悲剧或挑战时，与其往内缩到自己的世界里，不如向外看看四周；与其带着受伤的心寻求同情，不如去找一个伤得更深、更重的人，然后帮助他治愈伤痛。你当然可以悲伤、痛苦，但你要知道人皆受苦，如果你愿意在这个时候向他人伸出援手，帮助别人，也是一种自我治疗。

我的朋友盖比·墨菲特也深知这一点。盖比的手脚天生畸形，只有七八厘米长，他的指头没有骨头，而且听力受损。不过，他棒球、篮球、曲棍球、跳绳和打鼓样样行，日子过得积极而活跃。

盖比在西雅图附近长大，拥有不屈不挠的精神和巨大的同理心。他6岁开始打少棒联盟，目前是华盛顿大学的学生，曾经在朋友和家人的支援下，攀登华盛顿州第二高峰——雷尼尔山。尽管有自己的难题要面对，高中时盖比就开始演讲，以激励其他学生。他演讲的主题是“无阻碍”（CLEAR），所谓“无阻碍”指的是勇气(courage)、领导（leadership）、卓越（excellence）、态度（attitude）和尊敬(respect），这五种特质的英文第一个字母加在一起，便成了“无阻碍”这个词。他和家人还创立了“希望基金会”（http：//www.GabesHope.org），提供奖学金和各种资助方案给身障者。这就是盖比出于同理心所做的事。

你是否看到盖比的同理心态度所拥有的力量？他把焦点从自己的困难中移开，去帮助别人；他将自己肢体障碍所带来的挑战转变成由同理心出发的使命，丰富了自己和无数人的人生。

当我前往一些极度贫困和承受巨大苦难的地方时，常常发现那里的人无论男女老少，怜悯心总是大到不可思议。不久前我去柬埔寨，在潮湿、闷热的天气中开了一个很长的会。快要昏倒的我急着回饭店，想要赶快冲个澡，然后在有空调的房间里睡个一两天。

“力克，你可以在离开之前跟这个小朋友讲几句话吗？”主办单位说道，“他在外面等了你一整天了。”

那个男孩比我还矮小，一个人坐在泥地上等着。他身边的苍蝇多到形成一块黑云，他头上不知道是深裂的伤口还是疮，一只眼睛看起来好像要凸出来，身上则发出腐坏、肮脏的气味。

然而，他的眼神却流露出深深的怜悯。这个孩子对我有那么多的爱与同情，让我放下急着离开的心情。

他走向我的小轮椅，然后轻轻地把他的头顶上我的脸颊，试着安抚我。这孩子看起来好像几天没吃东西了，似乎是个受过很多苦的孤儿，但他想要向我表达同情，因为他想象我一定吃了很多苦。我感动得眼泪直流。

我请主办单位看看能不能帮帮这个孩子，他们答应我会让他有吃的，有人照顾，还会替他找个睡觉的地方。谢过小男孩、回到车子里之后，我依然无法停止哭泣。那天接下来的时间里，我完全无法好好思考，总是忍不住想，这个小男孩的状况让我觉得他很可怜，但他并没有把注意力放在自己的痛苦上，反而对我表达出深切的同情。

我不知道这孩子经历了些什么，也不知道他的生活有多艰苦，但我可以告诉你，他的态度让人惊奇，因为尽管自己也面临许多问题，他依然有能力伸出手给人安慰。这种同理心与怜悯心是多么棒的天赋！

当你有受害者情结，或是觉得自己很可怜时，建议你将态度调整为同理心的态度。你可以伸出援手给有需要的人、助人一臂之力、在收容所担任义工，或是做别人的良师益友，利用你所承受的痛苦、愤怒或伤害，来帮助你更加理解并减轻别人的苦楚。

### 4.宽恕的态度

想要增加生命的高度，你可以选择的第四种态度是宽恕。这可能是最棒的，但也是最难学习的态度，相信我，我真的知道。就像我跟你提过的，小时候有段时间，我无法原谅上帝，因为他犯了一个严重的错：没有给我四肢。我非常生气，也陷入责怪他人的行为习惯，宽恕不是我的风格。

跟我一样，你也必须经历愤怒和怨恨的阶段，然后才能宽恕。这是很自然的反应，但你不会想要紧抓住那些情绪太长的时间，因为不久之后你就会发现，一直让愤恨在心中翻滚，只会让自己受伤。

愤怒没办法日夜持续，就好像如果你一直让引擎发动着，车子会坏掉，你的身体也是如此。医学研究显示，一直心怀怒气和怨恨，会对身心造成压力，导致免疫力下降，并破坏身体的重要器官。责怪别人还有另一个问题，如果我没手没脚是别人的错，那我就不必为自己的未来负责了。而一旦我下定决心原谅上帝和医生，然后让生命继续前进，我在身体和情绪上都感觉更好，并且认为该是我为自己接下来的人生负责的时候了。

宽恕的态度让我自由。你知道的，紧紧抓着旧伤痛不放，你就只是给那些伤害你的人力量，让他们控制你。可是当你原谅他们，你就切断了跟这些人的联结，他们就再也不能打击你。千万不要以为宽恕他们是放他们一马，你这样做不为别的，是为了你自己。

我原谅了所有嘲笑我、欺负我的孩子。我宽恕他们并不是在赦免他们的错，而是为了放下愤怒和怨恨的包袱。我爱我自己，我要让自己自由。

所以，不必担心宽恕会让以往那些对你怀有敌意、伤害你的人好过。享受宽恕带来的好处吧！一旦采取这个态度，你的负担会减轻。如此一来，你就可以去追求自己的梦想，而不会被过去的包袱拖累。

宽恕的力量不止可以治疗你自己一个人，当南非前总统曼德拉原谅那些让他坐了27年牢的人时，这个宽恕的态度所带来的力量改变了整个国家，并在全世界掀起一阵涟漪。

我在乌克兰认识一位牧师，他先前举家迁至俄罗斯一个暴力频发的地区设立教会。当时，他计划开设教会的消息传出后，帮派分子威胁要对他和他的五个儿子不利，所以牧师就祷告。“上帝告诉我，如果我到那里开设教会，将付出严峻的代价，但同时也会有惊人的成果。”他说。

尽管遭到恐吓，牧师还是去设立了教会，但一开始根本没什么人来。就在牧师打开大门的一个星期后，他的一个儿子当街被杀害。悲恸的牧师再次祷告，寻求上帝的指引，上帝告诉他要继续待下来。结果他儿子死后三个月，牧师在街上被一个长相凶恶的人拦下来，问他："你想不想见见杀你儿子的那个人？"

"不想。"牧师回答。

"你确定？"那个人说，"如果他是要寻求你的原谅呢？"

"我已经原谅他了。"牧师答道。

那个人崩溃了，告诉牧师："我射杀了你的儿子，而我想要加入你的教会。"

接下来的几个星期，这个俄罗斯帮派的许多成员都走进牧师的教会，犯罪活动就从这个地区消失了。这就是宽恕的力量。当你抱持宽恕的态度时，会让各种惊人的能量动起来，而且请记住，这个态度会让你也原谅自己。身为基督徒，我知道上帝会宽恕那些寻求他恩惠的人，但人们却常常不愿意饶恕自己以往所犯的过错、失误和放弃的梦想。

自我宽恕跟原谅他人一样重要。我曾犯过错，你也是。我们都曾经对别人不好、不公平地评论人，也都曾把事情搞砸过。重要的是必须后退一步，承认自己不足、不够好，向自己伤害过的人道歉，并承诺会改进。然后，就原谅自己，继续前进。

这是个你可以依循的态度。

《圣经》说，我们种什么就收什么。如果你心里满是痛苦、愤怒、自怜，而且不愿宽恕，你觉得这些态度会给你带来什么？这样的人生又有什么意思？所以，请拒绝忧郁、悲观的心情，大量储存乐观，为感恩的态度、行动的态度、同理心的态度或宽恕的态度充电。

我体验过改变态度所产生的力量。我可以告诉你，那种力量改变了我的生命，带我到达我从未想象过的高度。而它也能带给你同样的体验。

# LIFE WITHOUT LIMITS

## 第六章

## 跟恐惧做朋友

我生平第一次，也是唯一一次打架的对象叫“恰吉”，他是我们小学的头号恶霸。他其实并不叫恰吉，只是那一头橘色乱发、脸上的雀斑和大耳朵，就跟恐怖电影里的鬼娃恰吉一个样。为了保护他，我就叫他恰吉吧。

恰吉是第一个让我感受到深切恐惧的人。我们一辈子都在处理恐惧这个问题，无论是真实的或想象出来的。曼德拉说过，勇敢的人不是去感受恐惧，而是去战胜恐惧。每当恰吉试图扁我的时候，我是真的感受到恐惧，但战胜恐惧又是另外一回事了。

你我的恐惧都是一份礼物，但当时我不可能相信这件事。人类最基本的恐惧，例如怕火、怕跌倒、怕咆哮的野兽等，都反映到我们身上，成了生存手段。所以，有这些恐惧还是值得高兴的，只是千万别让这些恐惧占了上风。

恐惧太多不是好事。我们常常因为害怕失败或失望、害怕被拒绝，就停住不敢行动。我们并未真正去面对这些恐惧，反而对它们举白旗，然后自我设限。

别让恐惧阻止你追求梦想。你应该把恐惧当作烟雾警报器，当它发出声响时，要注意观察四周有什么状况，看看是不是真的有危险，或者只是发出警告。如果没有出现真正的威胁，就把恐惧放下，继续过你的人生。

小学时期让我十分痛苦的恰吉教会我如何克服恐惧，然后向前走，不过这是在我小时候第一次，也是最后一次打架之后才有的感悟。我在学校人缘很好，就算最难搞的孩子都是我的朋友，不过恰吉显然是直接从霸王工厂出来的。他是个危险的家伙，整天在找下手的对象。他的个子比我高，不过，学校的其他人也都比我高大就是了。

我对任何人应该都没有威胁性。我不过是个小学一年级的学生，体重不到十公斤，还坐在轮椅上。恰吉大了我好几岁，而且跟我比起来，他简直就是个巨人。

“我赌你没办法打架。”某天早上的下课时间，他向我挑衅。

因为朋友们都在，我就一脸勇敢的样子，不过我记得那时心里其实在想：我都已经坐在轮椅上了，他的身高还相当于我的两倍，情况真的很不妙。

“我赌我能打。”这是我当时所能想到的最好回应。

我那样说并不表示我有很多打架的经验。我来自一个虔诚的基督徒家庭，从小就被教导说暴力不能解决问题。但我不胆怯，我跟弟弟和堂兄弟们可是一起练过摔跤的，我弟弟亚伦到现在都还对我的摔跤绝招津津乐道。在亚伦长得比我高大之前，我可以摔得他满地打滚，然后光用下巴就可以把他的手臂压住。

“你那强壮的下巴几乎可以折断我的手臂呢。”他说，“不过当我长大、长高之后，只要用手推你的额头，你就没办法靠近我了。”

这就是我面对恰吉时的问题所在。我并不是害怕跟他打上一架，只是不知道该怎么打。我看电视或电影里的人打架，通常都会拳打或脚踢，但这两个动作所需要的主要硬件我都没有。

不过这个理由好像无法让恰吉打消念头。

“如果你能打，就证明给我看。”他说道。

“好，午餐时间‘椭圆’见。”我吼叫着。

“一言为定。”恰吉说，“你最好给我出现。”

“椭圆”是一栋蛋形的水泥建筑，矗立在学校的草坪和操场中央，在那里打架，就好像在马戏团最中间那一圈打架一样引人注目。“椭圆”算是我们学校的主舞台，在那里发生的事肯定会传出去。如果我在那个地方两三下就被人家撂倒，所有人大概一辈子都忘不掉这件事。

那天上的是拼字、地理和数学课，但整个上午我都在烦恼和学校霸王的午餐约会。我单挑恰吉的消息已经无法控制地传出去了，每个人都想知道我的攻击计划是什么——其实，我自己也很想知道。

我一直想象着恰吉一拳就把我击倒的场面。我祈祷最好有老师发现这件事，然后在我们开打之前就来阻止。不过，我的运气没那么好。

让人害怕的时刻终于到了。午餐的钟声响起，我们这边的人推着我的轮椅，沉默地往“椭圆”前进。全校差不多一半的学生都在那里，有人带了午餐来，有人则是在打赌。

你应该猜得到，一开始大家都是赌我输。

“准备好要打一架了吗？”恰吉问我。

我点头，但我实在不知道要怎么个打法。

恰吉也不太知道。

“哦，那我们该怎么做？”他问道。

“我不晓得。”我回答。

“你总得离开轮椅吧？”他要求着，“你坐在轮椅里对我不公平。”

恰吉显然是怕我打带跑[①]，这倒是给了我一个协商的切入点。打架我不

---

①棒球术语。垒上跑者提前起跑，打者不论好坏球都必须配合挥棒，可达到推进效果，或是扰乱对方守备，是一种积极推进的战术。

在行，不过，谈判我可是挺厉害的。

“如果我离开轮椅，那你得跪着才行。”我说。

单挑一个坐轮椅的，已经让恰吉被嘲笑了，因此他同意我的提议。于是，我这位强壮的对手双膝跪地，我也从轮椅上跳下来，准备迎战——如果我知道没有拳头该怎么打架的话。

我的意思是，这个总不会叫作“肩膀战”[①]，对吧？

当我和恰吉绕着对方移动时，周围已经挤了一大群人。到这时候，我心里还在想，恰吉不会来真的吧？谁会低级到去攻击一个没手没脚的小孩子呢？

我班上的女生大叫：“力克不要，他会打伤你。”

这句话却刺激到我了，谁要女生可怜？我的男性自尊进场了。我直接走向恰吉，想着可以踢他的屁股。

恰吉赏了我胸部两记硬拳，我向后跌倒，头下脚上，像一袋马铃薯似的重重摔落在水泥地上。

我目瞪口呆！我从来不曾被这样击倒过，痛死我了！更惨的是，这实在太丢人了。同学在我身旁挤成一团，大家都吓坏了。女生更是大哭起来，紧闭双眼，不想看到这样可怜的景象。

我顿时了解到，这家伙真的想伤害我。我翻过身来，额头压着地面，再用肩膀顶住轮椅，趁势让自己立起身来。这个技巧让我有个硬得起茧的额头和有力的脖子，这两样就足以迅速让恰吉落败吧。

我很确定，恰吉对于打败我一点都不会内疚。我要么攻击，要么逃跑，但眼前我不太可能溜之大吉。

①原文是 shoulder fight，也就是骑马打仗这个游戏，不过力克在此是拿自己没有手臂，只能用肩膀打架来开玩笑。

我重新攻向恰吉，这次还带着一股速度前进。连跳三次之后，我来到恰吉面前，不过在我还没想好下一步该怎么做之前，他一拳直接打了上来，就这样一只伸长的手臂“砰”的一声打在我胸口上。我猛然倒地，还弹起来一次——好吧，或许是两次。我的头结结实实地撞在冰冷无情的地面上，眼前一片黑。一个女孩的尖叫声让我恢复了意识。

我祈祷会有见义勇为的老师出现。为什么当你需要训导主任之类的人时，却永远找不到呢?

最后，我的视线终于清楚了些，看见邪恶的恰吉在我身边来回走动。这个肥脸的浑球儿正跳着胜利之舞。

我受够了。我要摆平这个家伙!

我翻转过来，腹部着地，然后用额头抵着，再一次起身，准备进行最后一击。我的肾上腺素加速分泌，这一次，我使尽吃奶的力气快速冲向恰吉，快得出乎他的意料。

他开始跪着向后退。我利用左脚推进，一个飞跃，把自己像人肉飞弹一样射向他。我飞起来的头部不偏不倚地撞上恰吉的鼻子，他倒了下去。接着，我降落在他身上，然后开始打滚。

当我抬头往上看时，发现恰吉整个人平躺在地上，手捂着鼻子，失控大哭。

我感受不到胜利的喜悦，反而充满罪恶感。我这个牧师之子立刻恳求原谅：“很抱歉，你还好吗？”

“啊，恰吉流血了！”一个女孩叫了起来。

不会吧？我心想。

果然，恰吉的鼻血正从他粗短的手指之间流出。他拿开手，顿时血流满面，鲜红色的血还沾到他的衬衫上。

一半的观众开始欢呼，另一半则觉得真丢人——为恰吉感到丢脸，毕竟他刚刚被一个没手没脚的家伙打败了。这件事肯定没人忘得掉，恰吉的霸王时代结束了。他用手捏住鼻子，冲向厕所。

老实说，我再也没有见过他，他一定是羞愧得休学了。恰吉，如果你看到本文，我要跟你说对不起，也希望不再欺负别人的你，日子过得很好。

那天，我捍卫了自己，觉得很骄傲，但又深感罪恶。放学后一进家门，我就跟爸爸、妈妈作检讨。本来我怕会受到严厉的处罚，结果根本不用担心，爸爸、妈妈完全不相信有这种事，他们就是不认为我有可能打败一个比我高大、年长又四肢健全的小伙子。不过，我也没那么想让他们相信就是了。

尽管很多人喜欢听这个故事，而且从某些方面来说它还蛮有趣的，但我就连提到这段往事的感受都很复杂，因为我向来不崇尚暴力，我相信柔弱是被保留的力量。我会永远记得我第一次，也是唯一一次打架，因为我发现当事态变得严重时，我能够克服恐惧，尤其在那个年纪，知道自己有能力保护自己的感觉很好。我学到了我可以柔弱，因为我已经汲取了自己内在的力量。

## 没手没脚不可怕

你可能很清楚自己的人生目标，对生命的各种可能性怀着无穷希望，对未来充满信心，懂得欣赏自己的价值，甚至具备良好的态度，但恐惧却可能拉住你，让你无法实现梦想。有许多障碍比没手没脚更严重——恐惧尤其会削弱人的力量。如果恐惧遏制了你的每个决定，你就无法将感受到的祝福充分表现出来，过一个圆满的人生。

恐惧会拖住你，让你无法成为你想变成的那个人，但恐惧只是一种情绪、一种感觉，它不是真实的！你是不是常常害怕某件事——看牙医、面试、手术或考试，结果真正做了之后，却发现其实没有你想的那么可怕。

小学一年级跟恰吉打架那一次，我以为自己一定会被打得惨兮兮，结果呢？大人经常回想孩提时代的恐惧，夜里会害怕，因为他们把在窗边摆动的树枝想象成要吃掉他们的怪兽。

我看过恐惧让一个人变得动弹不得——我指的不是对恐怖电影或夜半鬼怪的恐惧。

许多人因为害怕失败、犯错、作出承诺，甚至害怕成功，而失去行动能力。恐惧会隔三岔五地敲门拜访，你不必让它们进来：你请它们走自己的路，然后，你走你的。你有这个选择权利。

心理学家说大部分的恐惧是学习而来的。我们天生只有两种本能的恐惧：一种是害怕巨大的声响，一种是害怕掉落。小学一年级时，我的恐惧是怕被恰吉扁，但我克服了。那时，我决定不要等到觉得自己勇敢——我就是表现得勇敢，最终，我的确是勇敢的！

即使长大成人，我们还是会创造一些不合现实的可怕幻想，这就是为什么常有人说恐惧（fear）是“似乎为真的假证据”（false evidence appearing real）。我们太把注意力放在自己的恐惧上了，以至于认为它们都是真的。结果，我们就被恐惧控制住了。

很难想象迈克尔·乔丹这样高大又成功的人也会有害怕的时候，但他在进入NBA名人堂的典礼上，公开谈到他如何利用恐惧驱动自己，成为更优秀的运动员。他在演讲结束时说道：“或许有一天你会看到50岁的我在场上打球。噢，不要笑，永远别说不可能，因为限制就像恐惧，常常只是幻觉。”

乔丹是篮球高手，不见得是人生导师，但他所言极是。请遵循乔丹守则，认清恐惧并不是真实的，然后超越它们，或是好好利用。要对付最深的恐惧——无论是害怕搭飞机、害怕失败，还是害怕跟人有深入的关系，关键是必须认知到恐惧并非真实，它是一种情绪，而你可以控制要如何回应你的情绪。

演说生涯早期，我就必须学会这门功课。那时，我非常害怕、紧张，不知道听众对我所讲的内容会有什么反应，甚至不确定他们到底有没有在听。幸好，我第一场演讲的对象是同校的学生，他们本来就认识我，大家也相处得很好。慢慢地，我开始到人数比较多的青年团体和教会演讲，听众里面只有少数几个是熟人，而我也逐渐克服了紧张和恐惧。

现在到几千人、几万人的场合演讲，还是会让我害怕。我深入中国的偏远地区、南美洲、非洲，或是世界的其他角落，而我实在不知道那里的人会不会接受我。我怕我讲的笑话在人家的文化里有截然不同的含义，因而冒犯到当地人，但我利用这种恐惧提醒自己事前要跟翻译及主办单位顺过一遍演讲内容，以免到时在台上发窘。

我学会把恐惧当作能量来源，以及帮助自己进行准备工作的工具。如果我怕演讲时会忘了或搞错什么，这样的恐惧会让我专心地重新检查演讲内容，专心练习。

许多恐惧都可以这样运用。例如，因为害怕车祸受伤，你会系上安全带；因为害怕感冒，你就会勤于洗手、吃维生素。这些都是好的恐惧。

不过，我们经常任由学习得来的恐惧泛滥，例如有些人担心会感冒，采取的预防措施竟然是把自己锁在家里，足不出户。如果恐惧让我们无法实现想做的事，无法做自己想做的人，这样的恐惧就不合理了。

## 不要老想着“如果……怎么办”

我有个朋友，她小时候父母就离婚了。她的父母一天到晚吵个不停，即使分手了还是一样。如今，我的朋友已经长大成人，但她很害怕婚姻。“我不想搞成像我父母那样。”她说。

无法拥有一段长久的关系，只是因为担心没有好结果？居然有这种事！这就是病态的恐惧了。你不能一想到婚姻就想到离婚，请记住丁尼生的诗句：“爱过而失去，胜于从未爱过。”

你如果一直担心不知何时、何地会发生什么事，以至于瘫在那儿什么也不敢做，就不可能拥有快乐而满足的人生。假如因为担心被雷打到或被疟蚊叮咬，大家就整天躺在床上，那这个世界就太可悲了，不是吗？

许多恐惧成性的人满脑子想的都是“如果……怎么办”，其实他们应该说的是：“为什么不……”

如果我失败了怎么办？

如果我不够好怎么办？

如果他们嘲笑我怎么办？

如果我被拒绝了怎么办？

如果我的成功无法持续下去怎么办？

我了解这种想法。在成长过程中，我必须应付几种主要的恐惧——害怕被拒绝、害怕无法胜任、害怕要依赖他人。我的身体少了标准配备，这件事并不只是我的想象，然而父母常常提醒我，不要一直注意我所缺少的，而是要把焦点放在我所拥有以及我能创造的事物上——只要我敢跟随我的想象力。

“要做大梦，力克，而且永远不要让恐惧阻碍你朝着梦想前进。”他们说，“你不能让恐惧支配你的未来。选择你要的人生，然后全力以赴。”

到目前为止，我已经到二十多个国家演讲过，在体育馆、竞技场、学校、教会和监狱传播希望与信心的信息。如果不是父母鼓励我承认并超越自己的恐惧，我不可能做到这些。

## 把恐惧化为动力，让我自立自强

你我都不可能像乔丹那样在一项运动中那么有主宰力，但你可以学他把恐惧化为动力，帮助自己追求梦想，创造想要的人生。

萝拉是我在学校的朋友，她很聪明，总是能说出心中所想的，不会浪费时间。一年级的某一天，萝拉问我："你在学校有助教帮你，那在家里呢？谁负责照料你的生活？"

"哦，是我父母。"我不确定她究竟想问什么。

"你觉得这样好吗？"

"你指的是我父母照顾我这件事吗？当然，不然我还能怎么办？"

"我说的是穿衣服、洗澡和上厕所这类事情。"她说，"你的尊严何在？难道你不觉得这些事情不自己来有点奇怪吗？"

萝拉并非有意伤我，她喜欢追根究底，所以真的很想知道我对生活各个层面的想法，但是她触及了一个非常敏感的话题。在成长过程中，我最大的恐惧之一就是成为我所爱的人的包袱。担心自己过于依赖父母和弟弟妹妹的想法从没离开过我，有时我会在夜里冷汗直流地醒来，害怕爸爸、妈妈走了，而我只能依靠亚伦和蜜雪儿。

这种恐惧十分真实，有时光是想着自己必须依赖他人，我就快受不了了。然而，萝拉直率地提到尊严的问题，却让我从被这种恐惧折磨的状态，转变成从中得到动力。我之前会有意无意地想到依赖他人过活这件事，但那天之后，我决定正视问题，积极处理。

如果我真的用心解决这个问题，那么，我到底可以变得多独立？我非常害怕成为自己所爱的人的负担，这种恐惧给了我驱动的热情和推动自己的力量。我必须为自己多做一些，但是该怎么做？

爸爸、妈妈一直向我保证他们随时愿意帮助我，不在意抱起我，帮我穿衣服，或是做任何我需要他们做的事。但我连自己喝一口水都办不到，还有，每次上厕所都得有人把我抱上马桶座，这些事真的让我很困窘。渐渐长大之后，我自然想要更独立，也希望更能自己照顾自己，而我的恐惧让我下定决心采取行动。

促使我采取行动的理由之一，是我想到有一天当爸爸、妈妈都不在时，我会成为弟弟亚伦的负担。我之所以常常会有这个念头，是因为我觉得可怜的亚伦应该有权利过正常的生活，但大部分时间他都得帮我，跟我一起生活，然后看着我得到那么多关注。我觉得上帝真的亏欠他，亚伦有手有脚，但在某些方面他其实很吃亏，因为他总是觉得他一定得照顾我。

而我决定更自立自强，也是基于自我保护。萝拉提醒了我，我的生活起居一直仰赖别人的好心与耐心，但我知道不能老是靠别人，我也有自尊心。

有一天，我会组成一个家庭，我可不希望到时我老婆必须拎着我四处跑。我还想要小孩，想要当个好爸爸，好好养家，因此我想，我的生活不能全都在这张轮椅上。

恐惧可能是你的敌人，但在这里，我把它变成朋友。我向爸爸、妈妈宣布，我要想办法照顾自己，而一开始他们当然很担心。

“你不必那样做，我们会让你一直受到照顾的。”他们说。

“爸爸、妈妈，为了你们，也为了我自己，我一定要这么做。所以现在就让我们集思广益一下，看看可以怎么做吧！”我说道。

于是，我们就开始想了。在某些方面，我们的创意成果让我想起一部老电影《海角一乐园》：罗宾逊一家人因为船难而漂流到一座荒岛，他们设计了一些很棒的小东西，供洗澡、煮饭和生活上使用。我知道没有人会是一座孤岛，特别是像我这种没手没脚的人——我可能比较像半岛或海峡吧。

一开始，我的护士妈妈和巧手爸爸想到一个办法，让我可以自己洗澡和洗头。爸爸把莲蓬头的旋钮换成我可以用肩膀推动的控制杆，妈妈则买了一个不必用手挤压的给皂器，使用的是医院手术室的洗手台那种脚踏式泵。我们加以改良后，我可以踏在上面，挤出肥皂液和洗发精。

然后，我和爸爸为电动牙刷设计了一个固定在墙上的塑胶座，这样我按一个钮就可以开关电动牙刷，然后用前后移动的方式刷牙（动的是我的头，而不是牙刷）。

我还跟爸爸、妈妈说我想要自己穿衣服，所以妈妈帮我做了加上魔鬼毡的短裤，这样我就可以自行滑进、滑出裤子。另外，衬衫的纽扣对我来说可是个大挑战，结果我们找到那种可以甩到头上，再扭动着套进去的衬衫。

我最大的恐惧是我们三个人展开一项兼具挑战与乐趣的任务，这些各式各样的发明提升了我独立生活的能力。而遥控器、手机、电脑键盘和车库大门遥控器都是上帝赐给我的礼物，因为我用小左脚就可以操作。

有些我们想到的解决方案不是那么高科技，例如我会用鼻子去按保全系统的按钮，还会把高尔夫球杆的杆头夹在下巴和脖子之间，然后用另一端去开灯、开窗户。

我们还设计了一些巧妙的方法，让我可以自己上厕所，细节我就不多说了，理由大家应该猜得到。你们可以在You Tube看到我们设计的一些方法和装置的影片——别担心，里面没有上厕所的镜头。

我很感激萝拉问了我关于尊严的问题，也感谢年少的我因为害怕依赖别人、成为家人的负担，而有了要更加独立的动机。把这些对一般人来说可能不算什么的动作做得很好，对我的自信心产生了奇迹般的影响。但如果不是把某些原本可能是负面的情绪转变成正面能量，我想我永远不可能逼自己去做那些事。

你同样也可以汲取因为害怕失败、害怕被拒绝而产生的能量，并运用这股能量为正面行动提供动力，让你更接近自己的梦想。

## 反击恐惧的以毒攻毒法

你也可以采取以毒攻毒的方式，来反击可能会让你陷入瘫痪的恐惧。想想你最大的恐惧是什么，例如你最怕在一大群人面前演讲时，却忘了自己要讲什么——这种恐惧我颇能感同身受。好，现在就来想象最糟的状况：你忘了自己想说什么，然后听众把你嘘下台。看到这个画面了吗？好，接下来想象一下，你的演讲十分精彩，听众全都起立鼓掌，为你喝彩。

现在，请选择进入第二个场景，然后把它锁进你的脑子里。此后，每当你准备开始演讲时，请跳过“嘘声”版，直接走进“起立鼓掌”版。这个方法对我管用，对你应该也是。

另一个类似的方法是进入你真实生活经验的记忆档案区，这里保存了你曾经不屈不挠、克服挑战的记忆。例如，当我因为要见脱口秀天后奥普拉之类的大人物而觉得恐惧和紧张时，我会去我的记忆库找个勇气的镜头。

“跟奥普拉见面吓着你了？她会怎样？切断你的手脚？拜托，

二十七八年来你一直都没手没脚，还到处旅行呢。奥普拉，我准备好了，给我拥抱吧！”

## 无法控制恐惧，只会让屁股更痛

小时候，我有一种看起来很理所当然的恐惧——我怕打针。每次学校说要接种麻疹或流感疫苗时，我都会瞒着妈妈。有一部分理由是我身上能让医生下针的地方很有限，别的孩子可以打在手臂或屁股上，我这“短版”的身体只有一个选择。但我的屁股离地面很近，所以就算医护人员努力把针打在我屁股比较上面一点的地方，我还是觉得非常痛。打完针之后，我往往一整天都没法走路。

因为身体状况的关系，我从小就像医生们的靶子，我对打针产生了很深的恐惧。我因为光看到针筒就昏倒而出名。

小学时有一次，两个显然不知道我过去的纪录，也不太了解人体解剖学的校护一人一边地把我架在轮椅上，然后在我两个肩头各给了一针——我的肩膀可没有太多肌肉和脂肪呀。那两针简直把我痛死了，痛到我得请我的朋友杰瑞帮忙推轮椅，因为我快昏倒了。杰瑞推着推着，然后，我眼前一黑，果然在轮椅上昏了过去。可怜的杰瑞不知道该怎么办，只能飞快地把我推到理科教室，请老师帮忙。

妈妈知道我怕死打针了，所以她事先不会跟我和弟弟、妹妹说我们去找医生是为了打预防针。大约在我12岁时，我们有过一次可怕的经验，后来成为我们家的传奇故事。那天，妈妈说要带我们去做学校要求的“身体检查”。坐在等候室时，我就觉得有点不对劲。我们看到一个年纪跟我差不多的小女孩走进检查区，接着传来一阵惨叫，她挨了一针。

“你们听到了吗？”我问亚伦和蜜雪儿，“他们也会给我们打针了！”

恐惧袭来，我陷入恐慌，大哭大叫，跟妈妈吵着说“我不要打针，太痛了，我要回家”。因为我是那里年纪最大的孩子，于是其他更小的小朋友就学我这英勇又醒目的模样，全都开始鬼哭狼嚎，哀求着要回家。

我们的护士妈妈当然不为所动，对付这种打针大战，她可是老手了。她把我们这三个又哭又叫、拳打脚踢的家伙拽进检查室，就像宪兵把喝醉的大兵抓进禁闭室一样。

眼看恐慌和哀求完全无济于事，我试着跟医生商量：“你可不可以给我换成喝的药？”边讲还边号哭。

“恐怕不行，小朋友。”

于是，我决定采行B计划，也就是弟弟（Brother）计划，要老弟亚伦协助我脱逃。我已经想好办法了：亚伦先假装从检验台上跌下去，分散医生的注意力，同一时间，我奋力蠕动着跳下轮椅逃走。但是，我被妈妈从中拦截，而小妹蜜雪儿那个机会主义者则趁乱飞快逃出。一位路过的护士在走廊逮到她，但蜜雪儿用力伸长手脚卡住门口，所以他们没办法把她塞进检查室。她是我的英雄。

整间诊所都听得到我们歇斯底里般的鬼哭狼嚎。医护人员冲了进来，因为那声音听起来好像我们正被严刑拷打。不幸的是，增援部队一看到那幅景象，马上站到我们的敌方去了。有两个人用力夹住我，然后给了我一针，我像个妖怪一样尖叫。

当他们把针头挤进我的屁股时，我还是不停地扭来扭去，而因为我一直乱动，所以已经插进去的针头又被挤了出来。结果，医生得再打一次。我的尖叫声大到让停车场里的车子警报器都响了起来。

所有人——我们兄弟姊妹、妈妈跟医护人员那天到底是怎么撑过去的我不知道，我只记得我们三个小孩是一路大哭着回家的。

比起乖乖让他们打针，我强烈的恐惧反而造成更大的痛苦。事实上，因为没有控制好自己的恐惧，我的痛楚变成两倍——那次打完针后，我有两天不能走路，不止一天呢！

# LIFE WITHOUT LIMITS

## 第七章

## 跌倒七次，要爬起来八次

你可以想象，小时候，我有一段很长的跌倒和倒栽葱史。我会从桌子、高脚椅、床、楼梯和斜坡上掉下来，而且因为没有手可以止跌，我常常摔到下巴，更别提鼻子跟额头了。我跌得遍体鳞伤的经验可多呢。

但我从来不会一蹶不振。有句日本谚语说的正是我的成功公式：“跌倒七次，爬起来八次。”

你失败，我失败。我们之中最厉害的人失败过，其他人也是。那些无法从挫败中站起来的人，常常把失败当结局。但我们应该记住，人生并非一试定终身，而是个试误的过程。那些成功的人都从愚蠢的错误中再站起来，因为他们觉得失败只是一时的，并视为可以学到东西的经验。所有我认识的成功人士都曾经搞砸过，但他们却常说，失败是他们得以成功的关键。倒下时，他们不会放弃，反而从中看出自己的问题，然后努力去寻找更具创意的解决方案：如果失败了五次，他们会更努力地再试五次。对此，丘吉尔有精辟的见解：“成功是从一个失败前进到另一个失败，其间却热情不减的能力。”

如果你无法克服挫败，或许是因为你把失败个人化了。失败对你来说，最多不过是像三振[①]让一个伟大的棒球选手坐到板凳区一样。只要一直待在

①棒球用语。打击者经裁判判定获得三个好球后，即被三振。

场子里并持续挥棒，你依然会是个巨炮，而不会因为失败就变成输家。如果你不愿意做该做的事，那你的问题不在失败，而在你自己。想要获得成功，你必须认为自己值得成功，然后负起责任，让成功实现。

演讲时，我会这样示范我的失败哲学：倒下来、腹部着地，然后就这样继续跟听众讲话。你可能以为没有四肢的我不可能自己爬起来，我的听众也常常这么想。

我爸爸、妈妈说我一两岁时就开始教自己从水平位置爬起来。他们会放几个枕头，然后哄我利用枕头撑起身体，但我偏要用自己的方法——当然是困难的那种。我没有利用枕头，而是爬到墙壁、椅子或沙发旁边，用额头抵着它，然后一点一点地往上爬。

这样做一点也不轻松，如果你愿意，可以试试看——腹部朝下趴在地板上，然后试着不借用手脚的力量跪起来。这个样子不太优雅，对吧？但是，站起来和倒在地上，哪个感觉比较好？你天生不是在地上打滚的，你要起身，一次一次又一次，直到全然释放你的潜力。

我在演讲中示范起身的技巧时，偶尔也会出点小差错。如果是教室或会议室，我通常会在一个升起的平台、舞台或桌子上演讲。某次在一所学校，我在桌子上倒下后才知道，演讲开始前有人很好心地替桌面打了蜡，结果那桌面比奥运会的溜冰场还滑。我试着找个东西把上面的蜡刮掉，好让我可以使力，可惜我运气没那么好。结果，我得当场停止这个示范课程，并且呼救：“谁能帮帮我？”真是够糗的。

还有一次，我在休斯敦向一群有头有脸的人进行募款演讲，其中包括佛罗里达州前州长杰比·布希（Jeb Bush）和他的妻子。在准备提到永不放弃的重要性时，我一如往常地倒下，腹部着地，听众也陷入沉默，一如往常。

“我们时不时会遭遇失败，”我说，“但失败就像跌倒，你必须不断地站起来，永远不要放弃梦想。”

大家都听得很入神。正当我准备示范我有能力再站起来时，突然有个我从没见过的女人从演讲厅后头冲了出来。

“我来帮你。”她说。

“可是，我不需要帮忙啊。”我咬牙切齿地轻声说道，“这是我演讲的一部分。”

“别傻了，让我帮你吧。”她很坚持。

“这位女士，拜托你，我真的不需要帮忙，我现在正讲到重点。”

“好吧，亲爱的，如果你有把握的话。”说完，她便转身回到自己的座位上。

我想，听众看到这位女士坐下去，就跟看到我爬起来一样，都松了一口气吧！看到我光从地板上起身就要花费那么多力气，大家通常都很感动。他们对我的努力奋斗感同身受，因为我们每个人都历经挣扎。当你的计划碰上瓶颈，或是你遇到困难时，希望你也能记住这点，你的磨难是人类共有的经验。

即使你的人生有明确的目标，而你也对未来充满希望与信心，懂得欣赏自己，保持正面态度，并且不让恐惧拖住你，你还是得承受挫折与失落。但千万不要认为失败等于毁灭或结束，因为你其实是在挣扎之中体验生命，你还在场子里。我们所面临的挑战可以让我们变得更强大、更好，并且准备得更充分，以迎接成功。

## 失败带来的礼物

你可以将失败视为礼物，因为它们常常会帮助你突破。那么，我们可以从失败和挫折之中得到什么好处呢？我能想到的至少有四点：

1.失败是伟大的老师；

2.失败可以铸造品格；

3.失败可以给你动力；

4.失败让你对成功心怀感恩。

### 1.失败是伟大的老师

没错，失败是伟大的老师。每个胜利者都曾是失败者，每个冠军都得过第二名。费德勒（Roger Federer）被视为史上最伟大的网球选手之一，但他也不是每一局、每一盘或每一场都赢，他也曾经回击挂网、发球过猛出界，每场比赛都有好几十次没办法随心所欲把球打到他想要的地方。如果费德勒每次击球失败就放弃，那他就会是个失败者，但相反地，他从失误和失败中学习，并且一直待在场子里。这就是为什么他会成为冠军。

费德勒是不是一直试着完美出击，希望每局、每盘、每场都赢？当然是，而你在你所做的每件事情上也应该如此。努力去做，勤于练习，掌握基本要领，然后永远全力以赴，并且要知道失败在所难免，因为要精通某事，失败是必经之路。

我刚展开演说生涯时，常常连一个听众也没有，我弟弟亚伦总是拿这件事来取笑我。

我会拜托学校和某些团体给我个机会去演讲，但通常会被拒绝，理由是我太年轻，没有演讲经验，或是外形太奇特之类的。有时，我会感到挫折，但我也知道我正在学习进入这行，还在摸索成为一名成功的演说家需要懂些什么。

亚伦读高中时会载着我满城跑，寻找愿意听我演讲的人，只有几个也好。为了获得经验，我可以免费演讲。那时，我的演讲费常被认为太贵，因此我得一一打电话给布里斯班的每一所学校，表明我愿意免费去讲，但大部分的学校一开始都拒绝我，而每一个“下一次机会”都让我更努力地去找下一个“好”。

“你都不曾想要放弃吗？”亚伦问道。

我没有放弃，因为每当我被拒绝时，我真的觉得很受伤，所以我知道我找到自己的热情所在了。我真的想成为演说家。然而，就算我努力找到愿意听我演讲的人，事情也不总是很顺利。在布里斯班的某所学校，我一开始就讲得很糟，有事情让我分了心，结果愈讲愈乱，一直重复，搞得我汗流浃背，真想找个地洞钻进去，永远消失算了。我真的讲得很烂，烂到我觉得风声一定会传出去，然后这辈子大概不会有人再找我演讲了。好不容易讲完，离开那所学校时，我觉得自己简直是个笑柄，我的名声全毁了！

我们对自己可能都太严苛了——那天的我正是如此。然而，那次表现不佳却让我更专注于自己的梦想，努力磨炼表达能力。一旦你接受尽善尽美只是个目标，把事情搞砸也就没那么难以承受了。走错的一步仍是一步，你因此得到一次教训，下次就有机会做对。

我了解到，如果失败了就放弃，你将永难再起。但假如你能从失败中得到教训，并且一直全力以赴，就会得到回报——不只是获得他人的认可，也会因为知道自己确实尽全力地度过每一天而得到满足感。

### 2.失败可以铸造品格

把事情搞砸却让你变得更强、更适合成功，这种事可能吗？当然！没能摧毁你的，会让你变得更强壮、更专注、更有创造力，并且更坚定地追求梦想。你可能急于成功，这也没什么不好，但耐性是美德，而失败肯定会开发你这方面的特质。相信我，我已经学到我的计划不一定吻合上帝定的时辰，他自有他的时间表，我们只能等待揭晓。

我在和山姆舅舅一起开创制造和行销斜躺式自行车的事业时，真切地体会到了这一点。

我们2006年就开始了，只是到现在生意都还没开张，但每个挫折与失误都让我们多学习一点，也更靠近目标一些。在建立事业的同时，我们无疑地也在铸造自己的品格。我了解到，有时即使尽了全力，还是不足以让事情顺利开展，时机也很重要。这家公司创立时，正好碰上经济衰退，我们必须有耐心、坚持下去，等待时机和趋势站到我们这边来。有时，你就是得等这个世界追上来。在真正做出一个能卖钱的灯泡之前，爱迪生的实验失败超过了一万次，所以他说，许多自认失败的人真的不了解，当他们放弃时，事实上已经离成功很近了。尽管历经各种失败，他们其实就快成功了，然而就在局势即将转向他们之前，这些人却放弃了。

你永远不知道会在下个转角处碰见什么，或许那里有实现你梦想的方法，所以你必须振作起来，始终坚强，并持续奋斗。失败了又怎样？跌倒了又怎样？爱迪生也说了："每个错误的尝试都能让你往前迈进一步。"

如果你尽了全力，剩下的上帝会接手，该来的总是会来。你必须有强烈的求胜性格，而只要你愿意敞开胸怀接受，每次的失败都能铸造你的品格。

2009年，我到加州的橡树基督教高中演讲，这所小型学校的美式足球队曾经连续六次夺得联盟冠军。我去演讲时，遇到学校的创办人大卫·普莱斯，这才了解他们的球队是从哪里学到了品格的力量。

大卫曾经是名律师，在好莱坞一家大型律师事务所工作，客户包括电影明星和制片厂。之后，他替一位企业家工作，那位企业家在加州各地拥有旅馆、度假区和土地，包括几处高尔夫球场。大卫善于经营，他发现大部分的高尔夫球场都经营不善，因为这些球场的经营者通常是高尔夫球专业人士，而他们从来没好好学过经营实务。

有一天，大卫跟他的老板说，他想向老板买一所高尔夫球场。

“首先，你是我的员工，我为什么要卖东西给你？其次，你根本不懂高尔夫球。最后，你又没钱。”他的老板说道。

一开始，大卫没办法说服老板，但他并未放弃。他坚持不懈，发挥缠功，直到老板相信他的梦想，终于把他想要的高尔夫球场卖给了他。这是大卫拥有或承租的350所高尔夫球场的第一所。

后来，当高尔夫球场的生意走下坡时，大卫就把球场卖掉。如今，他在全美各地购买、承租和经营机场。大卫从失败中学到些什么？耐心和毅力，这是肯定的。他从未放弃梦想，当高尔夫球市场衰退时，他审慎评估，然后了解到自己真正的专长并不是经营高尔夫球场，而是经营事业，因此他便把这项技能转到别的领域。

大卫目前是我“没有四肢的人生”这个非营利组织的董事会成员。他告诉我，承受的困难愈大，品格的力量愈强。“力克，如果你生来四肢健全，我不认为你有一天会像没有四肢一样成功。”大卫说道，“如果不是因为只要一看见你的样子，立刻就能了解你已经将令人难以置信的负面事物转为正面，会有多少孩子愿意听你说话？”

当你遭遇挑战时，请记住大卫的话。每条堵住的路，都有一个出口，每一种“无能为力”之中都有“能力”。你来到这个世界是有作用的，所以不要因为输了一次就认为永远不可能赢。只要活着，总会有出路。

我很高兴自己失败过却不屈不挠。我所遇到的挑战让我更有耐心，也更顽强，这些特质在我的工作与休闲生活当中随处可见。我最喜欢的活动是钓鱼，爸爸、妈妈在我6岁时第一次带我去，他们会把我的钓竿固定在地上，或者放在支架上，直到有鱼儿上钩。这时，我就会用下巴压住钓竿，跟鱼儿比持久战，直到有人来帮我。

有一天，我钓运不佳，但还是不气馁，只管盯着钓线，足足盯了三个小时。虽然太阳已经把我烤得酥脆红透，但我下定决心那天非钓到一条鱼不可。爸爸、妈妈到下游去钓了，所以当鱼儿咬饵时，那里只有我一个人。我用脚趾踩着手上的鱼线，并且大叫："爸、妈！"然后他们就跑了过来。当爸爸、妈妈拉起钓线时，发现那条鱼竟然有我两倍大。如果我没有坚持下去，放开脚趾，就不可能把这条鱼钓上来。

当然，失败也能塑造出谦卑的性格。我高中的会计课不及格，这是个让人谦卑的经验。

我很怕自己并未具备成为数字高手的能耐，但我的老师鼓励我、指导我。我不停地研读，几年后，我取得了会计与财务规划双学位。

当我还是个学生时，很需要学习谦卑的功课，我必须失败，如此才能明白我并未知道所有该知道的。而最终，谦逊让我变得更强。作家多玛斯·牟敦（Thomas Merton）说："谦卑的人不怕失败。事实上，他毫无所惧，甚至也不担心自己，因为全然的谦卑意味着对上帝的力量有全然的信心——在上帝之前，其他任何力量都没有意义，对他而言也没有所谓的障碍。"

### 3.失败可以给你动力

我们对失败或挫败的回应可以是绝望与放弃，但也可以选择将挫折、失败视为学习经验和改进的动力。我有个朋友是健身教练，我听过他对举重训练的学员说："去失败吧！"这句话真是鼓舞人心，不是吗？但他这么说的理论是，练举重时，你一直增加重量，直到肌力全部耗尽，然后下一次，你就可以试着超越那个极限，拥有更多的力量。

无论运动或工作，成功的关键之一就是练习。我把练习想成通往成功的失败经验，而我可以提供一个绝佳案例，故事的主角是我和我的手机。或许你觉得智能型手机是伟大的发明，但是对我来说，这可是天上掉下来的礼物。有时，我不禁要想，发明智能手机的人一定想到了我这种人，才会设计出这样的装置，让没手没脚的我可以用这种手机讲电话、发E-mail、传短信、放音乐、录下讲道信息和备忘录，还可以查询天气和世界大事——这一切，只靠我的脚指头就能搞定。

不过，智能手机也不是完全为我设计的，因为我全身上下唯一可以操作触控式屏幕的地方，距离我说话的部位也太远了点儿。大部分时间，我可以使用扩音器，但是在机场或餐厅等公共场所时，我并不想让周遭的人都听见我在说什么。

我必须想出一个办法，让我在用脚拨号后可以把手机固定在比较靠近嘴巴的地方。我所想出来的法子为“折叠式手机”这个名词下了新的定义①，也让我学到鼻青脸肿的一课，了解失败在成功当中扮演的角色。我足足花了一个星期练习，试着用我的小左脚把手机抛到肩膀上，再用脸颊和下巴固定住手机，这样我就可以讲电话了。（小朋友千万不要学！）你可以想象我在练习的过程中失败了许多次，而且因为甩手机时被打到，我的脸上有一堆乌青，看起来就像被满满一袋硬币打到似的。

我只在旁边没人的时候练习，不然人家会以为我是个手机自虐狂。我不会让你知道我的头和鼻子被手机打到过多少次；也不会告诉你，为了精通这项技术，我弄坏了几部手机。我受得了被打几下，受得了坏几部手机，但我受不了放弃这件事。

手机每次打到我的脸，都会给我动力，让我更想练好这个绝招，最后，我办到了！不过人生就是这样，我练好没多久，蓝牙头戴式耳机就出现了。于是，我那著名的手机抛接功夫成了科技遗风，最多就是当朋友无聊时，我拿来娱乐大家。

希望你可以把失败和跌倒视为激励的来源。未达期望、被三振、犯错或

①折叠式手机的英文为 flip phone，flip 意为“弹开”，但力克在此取用另一个字义“轻抛”，来呼应他练习抛接手机的过程。

搞砸没什么可耻的，可耻的是你没有从失误中得到动力，努力让自己在场子里存活更久。

### 4.失败让你对成功心怀感恩

失败带来的第四个礼物是：它会让人懂得对成功心怀感激。相信我，被手机打了一个星期之后，当我终于有办法将它固定在肩上时，我的内心充满无限的感恩。事实上，你为了实现目标付出愈多，最后终于成功时，心里就会愈感激。有多少次，在取得重大胜利后，你回首来时路，心里觉得漫长奋战之后的成功果实真是甜美啊！承认吧，爬山的过程愈辛苦，山顶的景致就愈动人。

小时候，我最喜欢的《圣经》故事是约瑟的故事。约瑟深受父亲喜爱，但有些骄傲，后来被嫉妒他的哥哥们卖去当奴隶。他有很长一段时间过得很苦，被人诬陷而坐牢，一次又一次地被他所信赖的人背叛。然而，约瑟并未放弃。他没有被苦难和失败击倒，坚忍不拔，最后成为埃及的管理者，并拯救了他的同胞。

约瑟奋斗与登上高位的过程，有许多值得学习的地方。我从他的故事中了解到：没有经历痛苦，成功就不会到来。尽管我的人生肯定比大多数人艰难，但这世上还是有人承受比我更大、更多的苦，而他们也成就了更大、更多的事。另外，尽管上帝爱我们，但他并未承诺要给我们一个轻松好过的人生。最后我看到，一旦约瑟摆脱他所遭受的众多苦难与背叛，他成了伟大而公正的埃及首相，品尝到了胜利的滋味。

当你全心全意实现某个目标时，一路上会经历磨难、苦痛，然而一旦突破困境，所得到的成就感又是那么美妙，让你只想以它为寄托，继续成长，不是吗？我认为这样的心态正是让人类能够走到这番境地的主要原因之一。我们庆祝艰苦的胜利，不只是因为我们努力存活了下来，也是因为人天生就是要持续成长，并寻求更高层次的成就感。

当上帝要我为目标努力再努力，在我的人生路上设了一个接一个的路障时，我真心相信这是他要我为将来更棒、更美好的日子作准备。他向我们提出挑战，因为他知道一旦经历失败，我们就会成长。

当我回想自己在那么小的年纪必须克服的一切——痛苦、不安、伤害和孤独，我并不觉得难过，而是心怀谦卑与感恩，因为战胜那么多挑战之后，我觉得成功的果实更加甜美。最终，苦难让我变得强壮，而且更重要的是，我因此更有能力去接触其他人。如果不是自己承受过那么多苦，我根本没办法帮别人处理他们的痛苦，没办法感同身受。接近青春期时，知道自己克服了些什么让我更有自信，而这种新的自信反过来让别的孩子愿意接近我，我的身边总是围绕着一大群男男女女的朋友。被人家注意真好！我总是会驾着轮椅在校园里晃，沐浴在众人的温暖之中。

最后，你知道的，总是会走到“政治”这一块。我鼓起勇气竞选学生会主席，这是全校1200位学生的领袖——我们学校采用初中、高中混合制，是澳大利亚昆士兰最大的中学之一。

我不但是学校第一位竞选学生会主席的身障学生，对手还是学校有史以来最好的运动员之一——马修·马凯（Matthew McKay），他现在是澳大利亚知名的足球选手。班上同学提名我去竞选学生会主席让我很惊讶，而我的老师也鼓励我参选。我以多样性与多元文化主义为政见，竞选承诺包括在运动会举办轮椅大赛。

结果我获得压倒性的胜利（抱歉了，马修）。妈妈到现在还保留着当时《信使邮报》相关报道的剪报，上面有一张我很大的照片，标题则封我为“勇气主席”。

那篇报道引述了我的话：“我觉得轮椅上的孩子都应该去尝试每一件事！”

我青春时期的这句口号，可能不像耐克的“Just Do It”那么响亮，但对我来说也很有用。你会失败，因为你是人类；你会跌倒，因为道路崎岖。但你要知道，失败也是生命礼物的一部分，所以要把它们利用到极致。伙伴们，不要停下来，去尝试每一件事吧!

# LIFE WITHOUT LIMITS

## 第八章

## 面对未知，迎向改变

在我12岁时，我们一家人从澳大利亚搬到美国。想到要在连一个朋友也没有的地方重新开始，我简直吓得半死。在前往新国家的飞机上，我们兄妹三人一直在练习美国腔，心想这样才不会被新同学欺负。

我对自己奇怪的模样无计可施，但我总能修好我的外国口音吧？后来我才知道，其实大部分的老美还蛮喜欢澳大利亚口音的，几年前《鳄鱼先生》这部澳大利亚电影还在美国大卖呢。

为了跟班上同学有同样的口音，我反而失去让女生留下深刻印象的机会。

搬到美国是我人生早期的重大变化之一，而试着让自己的口音听起来像个美国人并不是我唯一犯的错。新学校很棒，但我一开始非常辛苦。离开从小生活的地方、转学、交新朋友，对任何孩子来说原本就很辛苦，而除了初来乍到的困难之外，我看起来还不像个“正常”孩子——我是全校唯一坐轮椅、唯一需要有助教陪在身旁的学生。大多数青少年担心脸上如果有青春痘会被取笑，你能想象我都在烦恼些什么吗？

我在澳大利亚墨尔本的第一所学校就读时，已经费尽力气想得到认同。后来，我们搬到布里斯班，我又花了许多精力让同学相信我这个人够酷，可以跟大家一起混。现在，我又得从头开始了。

## 谁会想要一个没有变化的人生

当我们经历转变时，有时不一定会意识到它对我们的冲击。被迫离开自己的舒适区，通常会产生压力、疑虑，甚至忧郁，无论那个转变有多轻松、容易。你或许了解你人生的目的，深怀盼望，信心坚定，而且具备强烈的自我价值感，有正面的态度和面对恐惧的勇气，以及从失败中东山再起的能耐，但如果遇到生命中不可避免的变化，你就崩溃了，那你的人生永远无法前进。

人常常抗拒改变，不过说真的，谁会想要过一个没有变化的人生？某些最棒的体验、成长与收获，往往来自改变——搬到另一个城市、换工作、上不同的课程，或者进入一段比较美好的关系等。

人生是一段从儿童期进入青春期、成年期，再进入老年期的发展过程，不改变根本不可能，而且那样也太乏味了吧。有时必须有耐心，因为我们无法一直控制、影响改变，甚至想要的变化也可能不会在我们期待的时刻出现。

有两种主要类型的改变可能成为我们生命中的挑战，甚至让日常生活陷于混乱。第一种是外来的，第二种是内在的。我们无法控制第一种改变，但我们可以，也应该掌控第二种。

对爸爸、妈妈决定搬到美国的事，就跟我天生没手没脚的状况一样，我都没什么发言权，这些不是我能决定的。然而我有能力决定如何面对迁居美国这个变动，就好像我面对自己的身体障碍一样。我接受了这件事，并决定竭尽全力。

你也有同样的能力去处理那些你不想要或没有预期到的改变。快速且无法预料的变化，例如失业、生病、发生意外或挚爱的人过世，常常让我们措手不及，所以你一开始或许没有意识到改变生命的重大事件正在进行。在掌控你不想要或突然发生的变化时，第一步就是保持警觉，迅速认知到你即将进入一个新阶段——无论是好是坏。光是觉察到变化就可以减轻压力。然后，心里头要想着："好，这是全新的状况，可能有些奇怪，但我必须保持冷静，不要惊慌，要有耐心，我知道最后一切都会很好。"

当我们移居美国时，我有一大堆时间去思索生活有哪些方面正在发生变化，然而某些时刻，我还是会觉得承受不住，思想混乱无序。有时，我真想大叫："我要回去过真正的生活！"

你可能也会有这样的时刻。现在回头看，我发现还真有趣，因为那时我很想回澳大利亚，但现在的我却非常喜欢住在加州。希望有一天你也能像我一样笑看人生种种。要知道，经历生命中的重大转变时，觉得挫折和愤怒是很自然的，所以给自己一些时间调整吧，让自己对一些意料之外的颠簸变动作好准备，是很有帮助的。就像搬到一个新城市，你总得给自己时间去找到生活之道，学习适应当地的风土人情，让自己融入。

## 将生活整个打包，运到地球另一端

我到美国的头几个星期，就常常感受到文化震撼。其实在上学的第一天，当全班同学站着面对国旗，背诵效忠誓词时，我就有些惊慌，因为在澳大利亚，我们从来没这么做过，我觉得自己好像走错地方了。

还有一天，警报器突然大响，老师要我们全部躲到桌子底下。我还以为是外星人来袭了，结果只是地震演习。地震？

当然了，我这没有四肢的身体照例会引来神经兮兮的眼光、粗鲁的问题和怪异的评论。美国中学生对我如何上厕所这件事的好奇心之强，真是令我难以置信，我甚至开始祈祷地震来袭，好让同学不要再对我上厕所的问题问个不停。

我还得适应经常性的教室变动。在澳大利亚上课时，所有科目都是在同一间教室进行，我们不会像袋鼠一样整天移来移去。但是在美国这里，我们好像不停地从一间教室“跳”到另一间教室。

对于生活中出现的这个大变化，老实说我处理得不是很好。过去我一直是好学生，但是到了新学校，我很快就落后了。由于正规的六年级已经没有空间容纳新学生，所以学校安排我去上高级班，结果我的成绩退步了。回头看看，我想当时只是因为压力太大了——压力怎么可能不大？我的生活可是被整个打包，运到了地球的另一端呢。

我们甚至不再拥有自己的房子。爸爸为贝塔叔叔工作，我们全家人跟他们一家一起住在叔叔的大房子里，直到有了自己的房子。我不常看见爸爸、妈妈，因为他们老是忙着找工作、通勤上班，或是在找住的地方。

我讨厌这样。那时的我身心都承受了太多，因此成了一只小乌龟，缩回自己小小的壳里。下课和午餐时间，我会逃开，有时躲到操场附近的灌木丛后面，不过我最喜欢躲在麦坎更先生管理的其中一间音乐教室里，他是乐队和音乐课老师。

麦坎更先生是一位很棒的老师。他在学校一天大概教八九堂课（我猜测），非常受欢迎，简直就像摇滚巨星。老师的弟弟杜夫是知名贝司手，曾经跟“枪与玫瑰”和其他一些顶尖摇滚乐团合作过。这正是从澳大利亚移居加州另一个奇特的地方，我觉得我们好像把平凡的家庭生活都留在澳大利亚，然后进入了一个超现实的流行文化王国。我们就住在洛杉矶和好莱坞外围，所以常常会在杂货店或购物中心碰到电影或电视明星。我们班上一半的同学都想成为演员，或者正在当演员。放学后打开电视，我可能就会看到历史课班上某个还不错的同学出现在颇受欢迎的电视剧里。

我的生活在很多方面都改变了，真的让我难以消受，也失去了好不容易建立起来的自信心。我在澳大利亚已经被同学接纳了，但是在美国，我是个身在异乡的外地人，有着怪异的口音，以及更怪异的身体——至少我当时的感受是这样。麦坎更先生发现我躲在他的音乐教室里，就鼓励我走出去，多跟同学混在一起，但我就是提不起劲儿。

我在对抗一个我无法控制的变化，而没有把注意力放在我能调整的地方——我的态度和行动。我真不该那么笨才对。我当时只有12岁，但已学会把焦点放在我“能”，而不是我“不能”上。我已经可以接受缺少四肢的事实，也努力成为快乐、自信的孩子。然而，移居这件事让我感到十分震惊。

你有没有注意到，当你进入生命重大的转变期时，你的感受力会变得比较强？在痛苦地分手后，你会不会觉得好像每部电影、每部电视剧都是演给你看的？收音机传来的每首歌，是不是仿佛都替你唱出你的心痛？这些被强化的情绪和感受可能是你饱受压力或是被丢入一个陌生环境时触发的生存工具，它们让你保持高度警觉，所以是很有价值的。

我仍然记得，即使我因为离开澳大利亚而伤心，我还是能在眺望新居地的群山与海滩落日时，找到平静与慰藉。我现在还是觉得加州很美，但那个时候似乎更美。

不论是正面或负面，改变都会是强而有力且让人害怕的经历，因此你的第一反应总是与之对抗。我在大学的商业课程里学到，多数的大企业都会指定高阶管理人作为“变革推动者”，他们的任务就是在重大转变发生时——例如合并、成立新部门，或是采取新的做生意方式——让心不甘、情不愿的员工振作起来。

身为自创事业的总裁，我了解每个员工在面对任务上的变化时，都有自己的一套应变之道。总有一些人会对新的体验感到兴奋，但大部分人其实是抗拒的，因为他们安于现状，或是担心生活会变得更糟。

## 正面改变的五个阶段

每个人都知道世上本来就没有永远不变的事物，但奇怪的是，当被迫离开舒适区时，我们又常常变得害怕、不安，有时甚至觉得愤怒、怨恨。人即使面临恶劣的情况——充满暴力的亲密关系、走进死胡同的工作、危险的环境，还是常常不愿另辟蹊径，因为他宁愿面对已知，而不是未知。

最近，我认识了乔治，他是个物理治疗师兼体适能教练。我告诉他，我的背很不舒服，需要一些运动来强化背部，但我不想健身，因为我忙于旅行和经营公司。乔治的回答很经典："如果你希望一辈子都要应付背愈来愈痛的问题，那就祝你好运了。"

他嘲笑我！我真想用头给他敲上一记，但我了解他其实是想激励我，强迫我正视一个事实：如果我不愿调整自己的生活形态，就等着自作自受吧。

他的意思是："力克，如果你不想改变就不要改，不过，能让你的背舒服一点的，只有你自己。"

我称职地扮演了抗拒调整生活形态的坏榜样。然而，我见过状况更糟的人，明明可以让人生变得更好，但他们就是不愿意。如果让人生变好代表要进入不熟悉的环境，他们常常会觉得恐惧，害怕放弃熟悉的处境，即使那个处境糟透了。另外，有很多人也真的不愿为自己的生命负起责任。美国总统奥巴马曾经强调个人责任的重要："我们自己就是我们所等待的改变。"然而，即使可能溺毙其中，还是有人抗拒形势。

某些人宁可撒手不管，也不想负起责任，因为负责任这件事令人却步。当生命给了你一张烂牌，毁了你的牌局，打乱你的计划，你大可以怨天怨地怨父母，或是责怪三年级时偷你三明治的那个小孩，但怨天尤人最终对你没有任何好处。负起责任是掌控生命中的迂回、改变人生道路沿途状况的唯一方法。我的经验告诉我，要作出正面改变必须经历五个阶段：

### 1.认知到改变的需要

说起来真可悲，我们往往后知后觉，很慢才会认知到采取行动的必要。即使感觉不对劲，我们还是安于例行公事，并且出于惰性或恐惧，选择了“不做”，而不是“做”。通常一定要被吓到了，我们才会承认非求新、求变不可。企图自杀对我而言就是这样的时刻。我以勇者之姿撑了许多年，但其实阴郁的念头一直在我心中徘徊不去，我总是在想，如果没办法改变身体，那我就结束自己的生命。当我几乎要淹死在浴缸里时，我才了解到，该是为自己的幸福快乐负责的时候了。

### 2.展望新气象

我的朋友尼德最近有个伤心的任务，就是说服他父母离开已经住了40年的家，搬进老人安养中心。他父亲的健康恶化，而照顾的重担也危及他母亲的生命。但他父母却不想搬走，比较想待在自己家里，因为附近有熟悉的邻居。“我们在这里住得很快活，干吗搬走？”他们说道。

单单说服父母去看一下离他们家只有几条街之远的安养中心，尼德就花了超过一年的工夫。他父母对于所谓的老家伙之家的印象就是“冷而阴沉”，是“老人等死的地方”。不过，他们看到的这个安养中心却是干净、温暖而充满活力的，很多以前的老邻居也已经搬进来，过着充实的生活。那儿还有医务室，里面的医生、护士与治疗师可以接手一些照顾尼德父亲的工作，这样能为他母亲减轻不少负担。

尼德的父母在看到未来住处的样子之后，就同意搬进去了。“没想到这里这么好。”他们说。

如果从目前所在之处移到你应该去的地方，对你来说有点困难，不妨先让自己看清楚这次的移动会把你带往何处。意思就是，你可能必须去勘察某个地点、尝试新的关系，或者秘密地跟随你向往的职业中的某个人。一旦对新的处境熟悉一些之后，离开老地方就比较容易了。

### 3.放开旧的

对许多人来说，这个阶段很难。想象你正在攀岩，爬到一半，距离谷底有几百米高，而你刚来到一个小小的岩壁平台。这个景象很吓人，你知道只要一阵强风吹来，或是小小的风暴靠近，你就危险了，但在这个平台上，你至少可以有些许安全感。

问题是，无论要继续往上爬或回头向下走，你都必须放弃这个平台给你的安全感，继续前往下一个支撑点。不管这个安全感有多微弱，要放下它都很困难——攀岩或走上新的人生道路都是如此。你必须放开旧的，抓住新的。很多人在这个阶段就僵住了，或者尽管展开行动，却又因为害怕而退缩。如果你发现你处于这种状况，请想象自己正在爬梯子：你得放开现在抓着的这一阶，伸出手，才能前进到下一阶。放手、伸手，然后让自己攀高，一次一阶。

### 4.稳定下来

这又是另一个很微妙的阶段。人们或许已经放掉旧的，前进到新的阶段，但除非获得某种程度的安全感，否则他们偶尔还是会想回头。这个阶段的心理独白是："好了，我已经到这里了，然后呢？"

让自己稳定下来的关键是要非常留意脑袋里的想法。你必须摒除恐慌模式的念头："噢，糟了，我到底在干什么？"快转到"哇，这真是很棒的探险"。

小时候刚搬到美国的前几个月，我在"接纳"这个阶段苦苦挣扎。许多个白天和夜晚，我在床上辗转反侧，为新环境的种种苦恼不已。因为害怕被排斥、被嘲笑，我总是躲着其他同学。但是渐渐地，我开始觉得新家也有不错的地方。例如我在这里也有堂兄弟姊妹，我跟他们虽然不像跟澳大利亚的亲戚那么熟，但后来我发现，美国的堂兄弟姊妹也都是大好人。而且这里有海滩、有山、有沙漠，都在很近的地方。

就在我开始觉得美国加州也不赖的时候，父母决定搬回澳大利亚。等我完成大学学业之后，我便回到加州。现在，这里已经如同我的家了！

### 5.继续成长

这是成功转变最棒的阶段。你已经跃出一步，现在该在新环境里成长了。事实上，如果想要继续成长，就不可能没有改变。尽管这个过程可能充满压力，甚至造成身心极大的痛苦，但随之而来的成长会让人觉得承受这些苦楚很值得。

我在企业经营上就体会到了这一点。几年前，我必须重组公司，也就是说，我得解雇一些人。对我来说，解雇人是件很恐怖的事，我非常痛恨这么做。我很爱照顾别人，非常不喜欢把坏消息告诉我关心的人。辞退员工到现在都还是我的噩梦，因为我把这些人视为朋友。然而回过头看，如果当时没有作那样的改变，我的公司无法成长。我不能说我很高兴解雇了那些员工，我还是很想念他们，但是作了那样的决定之后，我们的确有所收获。

成长的痛苦是一个征兆，表示你正在伸展自己，前往全新的境界。你不必享受那样的痛苦，但是你要知道，在更美好的日子来临之前，你必须有所突破，而痛苦在所难免。

## 改变的可能性一直都在

在旅行中，我观察过处于各个改变阶段中的人，特别是前面提过的2008年印度之旅。那一次我到孟买演讲，那是印度最大也是全世界人口密度第二高的城市，贫富不均的状况非常严重。《贫民窟的百万富翁》这部得到奥斯卡八项大奖的电影就是以孟买为背景，但这部了不起的电影其实只是浮光掠影地提到孟买贫民窟的惨状与性奴役状况的泛滥。

据估计，孟买有超过50万人被迫出卖身体，这些人大部分是从尼泊尔、孟加拉等国的小乡村被绑架来的。许多女性是所谓的“神之女奴”，被祭司强迫卖淫。有些则是男变女的变性人，也就是被阉割的男性。她们被塞进又小又脏的屋子里，一个晚上至少要跟四个男人进行性交易。艾滋病病毒在这个区域传播得很快，并且已经造成数百万人死亡。

我到过孟买一个人称“囚笼之街”的红灯区，去看看那里的人所受的苦，并对性奴役的受害者演讲。邀请我去的人是德弗拉吉（K．K．Devaraj）牧师，他创办了“孟买青少年的挑战”机构，这个机构的工作是拯救遭到性奴役的人，并帮助她们找到更美好、更健康的生活。

德弗叔还主持了一家艾滋病孤儿院、供餐计划、医疗中心、艾滋病诊所，以及拯救毒瘾街童的活动。他之前看过我的影片，希望我能成为孟买的“变革推动者”。他期盼我可以说服那些性工作者逃离被奴役之路，进入他的庇护中心。德弗叔说，每个被奴役的女人都是“一个珍贵的灵魂、一颗珍宝”。

“孟买青少年的挑战”是一股向善的力量，因此，就连孟买贫民区的妓院经营者也同意让德弗叔和他的基督徒团队进入他们的地盘演讲——虽然那里的人大部分信奉的是印度教。即使“孟买青少年的挑战”经常试图要那些性工作者接受基督信仰，还说服她们离开妓院，过好一点的生活，妓院经营者还是非常喜欢德弗拉吉牧师的团队，因为他们可以安定人心。

这个团队一点一滴地努力改变这些受奴役女性的心。那里的女孩大约10岁到13岁就被绑架了，她们大多是从乡间小村落被骗来的，非常天真。如果女孩没上当，皮条客就会去说服她们的父母，说可以让女孩赚进平均薪资50倍的收入。更惨的是，有时皮条客干脆跟父母买下女孩，这种事很常见。招募并把女孩送到妓院，只是一长串残忍虐待的开始。一旦女孩被关起来后，妓院经营者就取得控制权，并告诉她们："不管你愿不愿意，从现在起，你得为我们工作。"

我们访问了几位被"孟买青少年的挑战"拯救出来的性奴隶，她们每个人的故事都让人心痛。不幸的是，这样的故事在那里却很常见。她们说，如果拒绝接客，就会遭到毒打、强暴，然后被装进笼子，丢到黑暗污秽的地窖里。在那样的地方，她们甚至无法站立，还会挨饿、被虐待，再加上不断被洗脑，直到屈服。然后，她们会被送到妓院。女孩们被告知妓院以700美元买下她们，因此她们必须在妓院工作三年还债。一位性奴隶告诉我们，她被迫接客好几百次，每接客一次，抵债两美元。

大部分的女孩都认为自己别无选择。妓院老板告诉那些女孩，老家的人已经不会接纳她们了，因为她们败坏门风，是家族之耻。而因为接客的关系，许多女孩得了性病或有了小孩，如此一来，她们更觉得自己没有别的出路了。

这些女性即使过着如此可怕的生活，却还是很怕作出任何改变。没有了信心，她们失去希望，也失去了人性，根本不敢想象可以脱离奴役状态和贫民区。心理学家常在受虐妇女身上看到这种抗拒逃离的行为，这些女性活在恐惧和痛苦之中，却拒绝离开施虐者，因为她们更害怕离开后必须面对未知的状况。她们失去了梦想更美好人生的能力，也因此无法看见这样的日子。

你非常清楚这些性奴隶应该逃走，因为她们的生活实在太可怕了，但你是否也有办法这么清楚地看见自己的状况呢？你是否知道自己会被环境困住，只是因为你没有梦想、缺乏勇气，或者你根本看不见自己有更好的选择？

想要作出改变，你必须能够想象生命的另一边有些什么，你要对上帝抱持信心与希望，也要相信自己有能力找到更美好的人生。

“孟买青少年的挑战”知道要这些被奴役的女性看到出路很困难，因为她们被压制、被孤立，并且饱受威胁，有些人还说自己不值得被爱，甚至不值得被好好对待。

我在孟买的妓院和贫民区亲眼看见她们的苦难，也见证了德弗叔和他的宣教团队在这些性奴隶及她们的孩子身上创造的奇迹——这些居无定所、以街为家的孩子常被称为“小麻雀”。

德弗叔的团队带着我一家一家去拜访。在第一家妓院，我被介绍给一位老妇人。我们进去时，她慢慢从地上站起来。她是个老者，通过翻译，她请我“为我旗下的妓女讲道，鼓励她们向善”。

这个老鸨介绍给我一位看起来40多岁的女性，她说自己10岁就从乡下被绑架到这里来，然后被迫卖淫到现在。

“我13岁时还清债务，可以自由离开。”她通过翻译说道，“我第一次走在街上，然后就遭到毒打、强暴。我还回过老家，但家人都不想跟我扯上任何关系。于是，我又回到这里，继续当妓女。然后我有了两个小孩，其中一个死了。两天前，我发现自己得了艾滋病，所以妓院老板把我开除了。我有个孩子，但现在我无处可去。”

在你我看来，她是有选择的，但是她在那限制甚多的环境中，似乎没有选择的余地。所以请了解，有时你或许看不见出路，但改变的可能性其实一直都在。而当你找不到替代的路时，就去求助，向拥有较宽广视野的人寻求指引。无论是去找朋友、家人、专业咨询师或人民公仆都好，就是不要一直想着“我已无处可逃”，不要被这种念头困住，要相信总是会有出路的。

其实这位女性才20岁。我和她一起祷告，并告诉她，她可以离开妓院，住进“孟买青少年的挑战”所提供的住所，还可以在那里的诊所获得治疗。一旦我们打开她的双眼，让她看见有一条路通往外面那个更温暖而充满关怀的世界，她不只愿意改变，也找到了信心。

“听了你的话之后，我知道上帝选择不医治我的艾滋病，是因为我可以带其他女性到基督面前。”她说，“我一无所有，但我知道上帝与我同在。”

她眼中的平静与盼望让我惊讶，在信心之中，她是如此美丽。她说她知道上帝并未忘记她，也知道即使面临死亡，上帝对她依然有个目的。她已经改变，已经把她的苦难转化为向善的力量。在这么多的贫穷、绝望与残酷之中，她是个光芒四射的例子，展现了上帝之爱与人类心灵的力量。

德弗叔和他的宣教团队已经想出几种做法来说服孟买的性工作者脱离危险的处境，例如照顾她们的孩子，还提供学校教育，让孩子认识耶稣，以及他对他们的爱。然后，孩子们再去告诉妈妈，让她们知道耶稣也爱她们，她们可以采取行动，追求更美好的生活。

我希望你可以拥抱让生命向上提升的改变，然后，也成为提升他人生命的改变力量。

# LIFE WITHOUT LIMITS

## 第九章

## 信任他人，组成梦幻团队

11岁时，有一次爸爸、妈妈带我到澳大利亚的黄金海岸。他们沿着海岸走，离开一会儿，我则是在靠近水边的沙堆里凉快一下，一面看着海浪，一面享受微风。为了不被晒伤，我用一件特大号的T恤盖住自己。

一位年轻女性走了过来，边靠近我边笑着说："哇，真厉害。"

"你是指？"我问道。我晓得她应该不是在说我硕大的二头肌。

"你把两条腿埋起来花了多长时间？"她问。

我明白了，原来她以为我把双腿藏在沙里头了。我决定恶作剧一下，继续演下去。

"哦，我可是挖了很久呢。"我说。

她大笑，然后就走开了，但我知道她一定忍不住要再看一眼，所以我等着看好戏。果然，当她转过头临别一瞥时，我马上弹起来跳向水里。

她什么也没说，不过当她急匆匆地沿着海滩跑走时，踉跄了一下。

年纪还小时，这种时刻总会惹毛我，但慢慢地，我对他人有了更多耐心与谅解。就像那位女士一样，我学到了，有时候人们有的东西比你一开始以为的多，有时则比较少。有识人之明、与人相处、跟人交往、体会他人的感受、知道谁可以信赖，以及如何让自己值得信赖，这些对成功和快乐都很重要。缺乏与他人在互相了解及信任的基础上建立关系的能力，却能够成功，这样的人实在很少。我们需要的不只是亲密爱人，也需要良师益友、人生典范，以及认同并帮助我们完成梦想的支持者。

要建立由最为你着想的支持者所组成的梦幻团队，你必须先挺他们，来证明你是值得信赖的。你怎么对待你的伙伴，你的伙伴就会怎么待你。如果你支持他们、鼓励他们，给他们最真诚的回馈，那你可以期待这些人也会如此对你。假如他们做不到，你就该去寻找愿意加入你团队的人了。

人天生喜欢与他人交往，但如果有些关系不符合你的期待，那可能是你对于如何与人互动，以及你在这些关系中投入和拿走些什么想得不够。你最可能犯的错误之一是在交朋友时，只谈论你自己——谈你的恐惧、你的挫败和让你开心的事。要赢得别人的友谊，你必须要深入地了解他们，寻找共同的兴趣，以建立对彼此都有帮助的联结。

建立人际关系就像建立存款账户，如果你什么也没存进去，怎么能期望从里面领取出东西来！我们必须借此评估并检视怎样做才有效，怎样做没有用，来时时调整自己经营人际关系的技巧。

## 如何与他人相处

强烈意识到生命的目的，拥有崇高的盼望与持久的信心，自重自爱，抱持正面态度，而且坦然无惧，懂得随机应变，有掌控变化的能力，这些条件对你很有帮助，但终究没人能单打独斗。我当然很重视我照顾自己的能力，尽可能变得独立，不过我就跟所有人一样，在很大程度上还是必须仰赖身旁的人。

人们常问我："生活上经常要依靠别人，很辛苦吧？"我的回答是：

“你说呢？”无论你有没有察觉到，其实你依赖周遭人的程度跟我是一样的。没有别人的帮助，有些事我就做不成，但我不知道在这个地球上，有谁是不必仰赖他人的智慧、好意和帮助就可以成功的。

我们都需要别人的支持，都需要跟志趣相投的人交往，所以一定要建立信任，也让自己值得信赖。我们要知道，大部分人都是本能地基于自身利益而行动，但如果你能表现出对他人的关心，并帮助他们成功，大多数人也会如此对待你。

## 我最爱眼神接触

小时候，妈妈常带我去逛街，或者去其他公共场所。当她去忙自己的事情时，我就坐在轮椅上看着人来人往，观察每个人的脸，一待就是几小时。当人们经过我身旁时，我会研究他们，试着猜测他们靠什么为生，个性怎么样。当然了，我不知道自己的直觉对不对，但我在研究肢体语言、面部表情和读人术等等方面的确变得很认真。

当时那只是我下意识的行为，但是回过头看，我才发现那时自己正出于本能地发展重要技巧。因为我没有手可以保护自己，也没有腿可以逃跑，所以快速评估某个人值不值得信任这件事对我非常重要。这不是说我常常担心自己受到攻击，但我的确比大多数人容易受伤害，所以变得对人的敏锐度比较高一些。

我对周遭人的心情、情绪和声音很敏感。听起来可能有点奇怪，但我的“天线”接收能力精细到如果有人把手放在我轮椅的扶手上，就好像跟我握手一样，我会奇妙地感受到跟对方有实质上的联结，仿佛我们真的握住了彼此的手。每当家人或朋友把手放上我的轮椅，我就会感受到这份温暖与接纳。

我缺少四肢这件事影响到我演讲时跟人互动的方式。我没有多数演讲者的烦恼之一——手不知道要放哪里。我把重点放在通过脸部表情沟通，尤其是眼睛，而不是双手。我无法凭借手势强调重点或传达情绪，而是利用眼睛宽度和脸部表情的变化来传达情感，并吸引听众的注意。

妹妹蜜雪儿最近逗我说："力克，你真的很喜欢眼神接触呢。当你跟某个人说话时，你会深深地望进他的眼睛里，就是这样。"

知我者蜜雪儿也。我之所以喜欢眼神接触，喜欢深深地看进人们的眼里，是因为眼睛是灵魂之窗。我欣赏人们的美，而我常常在人的双眼里发现它。我们都可能看见别人不好或不完美之处，但我选择去看他们内在的黄金。

"这也是你让对话保持真实且诚恳的方式，"我的小妹说，"从你跟我朋友的谈话中就可以看得出来。你直接深入对方的内在，捕捉他们的注意力，因此他们会吸收你说的每个字。"

我学会通过看进对方的眼里，以及凭借问问题或发表意见，找出彼此的共同点，来快速进入状况。在背痛限制我的拥抱能力之前，我最喜欢的破冰方式是跟人家说："来，给我个拥抱吧！"

我希望借此邀请人们靠近我、接触我，让他们跟我相处起来更自在。去接触人、与之联结、找到共通点，这些是每个人都该掌握的人际关系技巧，因为这些技巧决定了我们跟周遭人的互动可以有多好。

## 成功与幸福所需的人际关系能力

“人际关系能力”这个词被广泛使用，但其实定义不太明确。我们都以为自己的社交技巧不错，但其实你我的人际关系能力都还有进步的空间。

获得成功与幸福所需要的技巧，我们不是理所当然就会的。你的生命可以不受限，但你不能过一个无法与他人建立信任关系的人生。这就是为什么你应该自我监测、评估，并且努力锻炼、琢磨你跟周遭人打交道的方式。心理学家指出，要建立信任联结及互相支持的关系，必须仰赖几种基本的人际关系能力，包括：

觉察他人的情绪和心情

仔细聆听他人说话的内容及方式

评估、理解他人的非言语信号，并有所回应

主导社交聚会

快速与他人建立联结

在任何情境下都能发挥魅力

练习得体的态度与自我控制

以行动展现对他人的关怀

现在，就让我们仔细地逐一检视这些基本的能力。

### 读人

每个人多少都具备阅读肢体语言、声调、脸部表情及眼神的技能。我们总是不由自主地抓到这些信号，大部分人甚至可以看出某人正在假装生气，或者假装疼痛，为的是引起注意。心理学家说，读人的能力会随着年纪增长而进步，而且女人往往比男人厉害，尤其是有小孩的女性——这并不让我感到意外。我妈妈读我跟读书一样，好像常常事先就知道我不舒服、受伤害、受挫折，或是觉得难过。

### 聆听以了解他人

许多父母常说："上帝只给了你一张嘴，但给了你两只耳朵，所以你听别人讲的话，应该两倍于你自己所说的话。"但我们常常没有仔细聆听，以为了解别人在说些什么，反而稍微听一下就忙着回应。想要真正与别人产生联结，就必须考虑到言语背后的情绪，而不是只听到言语本身。我不是两性关系专家，不过倒是看过不少男性朋友为此所苦。女人的直觉力较强，所以常常被实事求是的男人气到，因为男人比较容易接收到话语，而不是情绪。

### 掌握信息，适当反应

仔细聆听与观察很重要，但更重要的是准确评估听到和观察到的内容，然后采取适当行动。擅长此道的人通常拥有较好的人际关系，在工作上也有比较高的成就，而这也可能是一种生存技能。《纽约时报》报道过一个故事：两名驻伊拉克的美军有次在巡逻时看见一辆停着的车子，里面有两个年轻人，虽然车外面气温高达约49摄氏度，但车窗是紧闭的。其中一个士兵问另一个——一名陆军中士——他可不可以拿点水给那两个男孩喝，顺便靠近那辆车子。

那名中士看了一下周遭环境，预测到危险，于是下令巡逻兵赶快退后。就在士兵转过身时，有枚炸弹在车里爆炸了，两个年轻人当场被炸死，而那位本来想去帮助他们的士兵则被碎片击中，所幸生命无碍。

后来，那名中士回忆说，当他看见士兵靠近那辆车子时，"我的身体起了一阵凉意——你知道的，就是那种'危险'的感觉"。其他细微的线索则是更早就触动了他的天线——当天早上没有人对他们开枪，这颇不寻常。再说，那天街上比平常安静了许多。

针对退伍军人的研究显示，他们十分依赖感觉、肢体语言和反常现象（“就是有点怪怪的”）来迅速解读周遭环境。这种能力不只对人际关系很重要，对生存也是。不只对退伍军人很重要，对我们也是。

### 搞定一屋子人

知道什么是合宜的举止，并融入周围情境——不管是在教会、私人乡村俱乐部、公司野餐，或者只是一顿简单的晚餐——是另一个重要的社交技能。你必须尊重所处的环境。每次到国外访问，我通常会请主办单位或翻译人员帮助我了解当地的习惯和传统，以免犯下让听众对我产生敌意的错误。

有些事在自己家里做没关系，但在某些国家就不可以了。例如吃饭时打嗝在大多数地方都被认为是很没礼貌的行为，不过在某些地方，打个响亮的饱嗝可是对厨师的赞美。更严格地来说，有些话题你在某些情境下要避免提及，例如过去的对立冲突和政治议题，或者在某些情况下，连宗教话题也会惹上麻烦。

然而，有些与人互动之道是放诸四海皆准的。长大之后我了解到，与他人打交道时，聆听是最有用的技巧，特别是当你要“搞定一屋子人”时。

### 与他人建立联结的能力

我们不只通过言语，也会凭借表情和肢体语言来与人建立联结，这包括与其他人互动时，我们会把自己摆在哪个位置。通常是直到有人闯进我们的个人空间，才会让我们注意到这件事。例如，“喜欢挨得很近说话的人”或许正试着跟人产生联结，却往往只会让人想逃。很难断言讲话时双方到底要保持什么样的距离，因为我们会欢迎某些人进入我们的个人空间，对某些人则不。有一次，在一场派对上，某个朋友向我投来十分恐慌的眼神，因为有四个人争着要引起他的注意，把他挤到角落去了。他们的气势强过他，让我的朋友看起来就像一只被猎犬逼到绝境的狐狸。

### 魅力大进攻

要让人注意到我不是个问题，不过让注意力持续就是另一回事了。人们看到我的身体时会很好奇，但要他们盯着看就不太自在了，所以我只有几秒钟可以展现魅力，以扭转局势。特别是面对小孩或青少年时，我会开个玩笑说“请借我一只手”①，或是“有个东西花了我一只胳膊和一条腿呢”②。我让他们知道，其实我听得见他们的议论，而我可以跟他们一起一笑置之。我想魅力的秘诀就在于：让你所遇到的每个人都觉得跟你说话时，你把全部的注意力都放在他们身上。

### 得体的态度与自我控制

我们总以为自己对别人得体又细心，但我知道，有时我还是有不足之处。我弟弟亚伦很爱提醒我，小时候我总是对他颐指气使，他对我可是忍耐多多。就算爸爸、妈妈都在家，他还是像我的保姆一样，因为我们俩老是在一起。亚伦会告诉你，我这个人是个指挥狂。例如，有一天早上，他的朋友菲尔来我们家，他在早餐时间走进我们的厨房，我就问亚伦和菲尔要不要来点培根和蛋。

“好的。谢了，力克。”菲尔说。

---

①原文是 Lend me a hand，直译就是“借我一只手”，意思是“助我一臂之力”。

②原文是 cost me an arm and a leg，直译就是“花了我一只胳膊和一条腿”。如果某样东西要付出这么大的代价才能得到，意思就是“贵得要命”“花了不少钱”。力克在这里又拿自己没有四肢这件事开玩笑。

然后，我就开始准备给他培根和蛋了，方法是用叫的：“亚伦，你可不可以帮我拿几颗蛋？噢，还有平底锅。好，现在把锅子放到炉子上，把蛋打在锅子里，熟了我会接手。”当亚伦年龄渐大，长得愈来愈高大之后，终于找到办法对付我这种喜欢指使别人的个性。每当他认为我要求太多时，他就会威胁说要把我丢进柜子的抽屉里，然后关起来，把我留在那里。所以呢，我必须好好养成得体的社交技巧，否则就会被锁起来，永久归档了。

### 说到做到

我们常听说有人是“说一套，做一套”。你或许善于倾听，有高度的同理心，热忱且有魅力，做人又很得体，但如果有人需要时，你却不愿挺身而出、伸出援手，那么你其他的人际能力都没有意义了。只会说“我感同身受”是不够的，因为行动胜于空谈。

在职场上，这表示你不只要将自己分内的工作做好，努力追求成功，也要帮助别人做好他们的工作，并在他们努力迈向成功时提供支援。

## 与人和谐互动的能力

为了掌握这些人际关系能力，你必须把自己的利益、顾虑和意图搁在一旁，融入周遭的人之中。这不是说你要成为大家注目的焦点，或是屋子里最好笑的那个人，而是指当你跟人打交道时，要站在对方的立场，让他们觉得跟你在一起很自在，因而愿意邀请你进入他们的生活中。

我们跟他人的关系，有短暂接触的（店员、服务生、邮差、飞机上坐在你旁边的人），有那种常常碰面的（邻居、同事、客户），另外就是那些跟我们的生活有很大关联的（最要好的朋友、伴侣和家人）。每个层级的关系需要的人际沟通能力不尽相同。

### 学着向人求助

还有一种人际关系能力常常被蔑视或忽略，我却相当熟悉，那就是：当你需要帮助时，愿意以谦卑的心向他人求助。耶稣——上帝之子——在地上时很少是独行侠，通常会有几个门徒陪着他。所以，你不要认为自己必须单打独斗。开口求助并非示弱，而是力量的显现。《圣经》上说："你们祈求，就给你们；寻找，就寻见；叩门，就给你们开门。因为凡祈求的，就得着；寻找的，就寻见；叩门的，就给他开门。"[①]

因为我的旅行计划实在排得太紧凑，所以几年前，我决定重新聘请看护帮我的忙。其实很长一段时间我都避免这么做，因为年纪比较轻时，我总想证明自己可以不必依赖别人过日子，所以独立对我来说非常重要。为了心灵的平静和自尊，我得确定一件事：如果有必要，我可以靠自己过活。

但是展开演讲生涯之后，世界各地的邀约纷至沓来，而在许多不同的地方对着那么多人演讲，是非常需要全神贯注的。如果要自己照顾自己，会耗费我太多精力，特别是在旅途中。因此，我又重新聘用看护，但我仍然期待将来有一天我会有妻儿相伴，并再次回到独立的生活中。

当你有了看护，就不能没有人际关系能力。就算你提供不错的待遇，你还是不能期待一个不喜欢你的人会喂你吃饭、跟着你到处跑、替你刮胡子、帮你穿衣服，有时还得抱着你。幸好，我跟看护的关系一直不错——虽然他们有时候会面临考验。

我选择演讲这种需要大量旅行的工作，又坚定地想要证明自己的独立

---

①《圣经·马太福音》第7章第7至8节。

性，所以曾经骄傲到不愿开口求助，即使求助比较合理。你不应该犯同样的错，要知道自己的极限，在有需要时向外求助。不过请记住，除非你表现出对他们的关怀与体贴，否则光是向朋友或同事要求些什么，是很没有礼貌的，人家可没欠你的。

过去几年，我的看护有时候是由朋友、家人和义工担任，不过我大部分是找领薪的助手，因为我的行程十分紧凑，看护的工作量很大。

我目前的看护之一——布莱恩——在我2008年夏天到欧洲巡回演讲时，就面临了终极考验。有一天晚上，我们抵达了罗马尼亚的提米索拉。在这之前，我们已经不眠不休地旅行了一个星期，所以我真的累瘫了，而这一晚是这个漫长行程中我第一次可以好好休息的机会。但因为我向来睡得不好，所以布莱恩给了我一颗褪黑激素，它可以帮助人体处理时差问题。

起先，我跟他说我最好不要服用，因为我体重很轻，有时对营养品会产生奇怪的反应，但布莱恩说这很安全。不过，为了安全起见，我只吃了半颗——幸好我没有整颗吞下去，因为吃了之后，我马上进入深沉的睡眠。

在某些巡回演讲中，我会变得过度疲劳，而且尽管在床上坐起来对我而言非常费力，我还是会在睡梦中坐起，然后开始演讲，仿佛眼前真的有听众。而这天晚上，我把隔壁房间的布莱恩吵醒了，因为我居然在讲道，而且是用塞尔维亚语！

在我的“梦中布道”把整个罗马尼亚吵醒之前，布莱恩叫醒了我。我们两个都发现自己汗如雨下，仿佛在这夏夜的热气中被煮了一顿，因为我们一睡着，空调就停了。我们很自然地打开窗，让一些新鲜空气流进来，然后累到骨子里的两人又回去睡了。

大概一个小时之后，我们又醒了，这次是被巨大的罗马尼亚蚊子（至少我们希望那是蚊子）给“生吞”了。那个时候，我真的已经累死、热死、全身痒死了，而且，我还没有道具可以抓痒，这简直是酷刑！

布莱恩建议我冲个澡止痒，然后他在我被蚊子叮的肿包上喷了一些止痒的急救药。我又回到床上去睡，但是十分钟后，我又再度大叫布莱恩，因为我可怜的身体像着了火一样！我对刚刚那个止痒喷剂过敏了！

我的看护再次匆匆忙忙地把我拖进浴室冲洗。而在这个过程中，他滑倒了，头撞到马桶，差点没撞昏。精疲力竭的我们只想睡觉，但这恐怖的一夜还没结束。因为空调坏了，房间里实在太热，这个时候我已经快疯了，所以跟布莱恩借了枕头。

“走廊上的空调没坏，我要去那里睡！”我跟已经没辙的看护说。

布莱恩没力气跟我争辩。他倒在床上，我则在房间外面的走廊直接躺下，房门打开，这样当我需要帮忙时，布莱恩就可以听到。我们就这样小睡了一两个钟头吧，然后有个陌生人从我上方跨过去，直接走进房里，用破英文大声斥责可怜的布莱恩。

他在那里气冲冲地骂了几分钟后，我们才搞清楚这位路人甲以为布莱恩把我丢到走廊上去睡，气得不得了。我们花了好长一段时间说服这位想要成为“好撒马利亚人”①的男士，让他知道我是自愿去睡走廊的。

这位陌生人离开后，我爬回我的床，布莱恩回到他的床上。但是当我们终于慢慢进入梦乡时，布莱恩的手机响了。他接起电话，一阵狂骂灌进他耳朵里，原来是我们这次巡回演讲的协调人打来的。显然刚刚那位好心的路人甲并没有被我们说服，他跑去跟饭店的安全人员说我整晚都被丢在走廊上。饭店就对我们的协调人发火，然后那位协调人就气得打电话来威胁可怜的布莱恩，说要对他动用私刑！

现在你知道为什么我通常得请三个看护轮流照顾我了吧。布莱恩和我现

① Good Samaritan，在《圣经》里，耶稣以撒马利亚人作了个比喻，教导人要关心邻舍、帮助有需要的人。

在可以对我们的罗马尼亚梦魇一笑置之，但那时我们可是经过几个舒爽凉快、没有蚊子打扰的好眠之夜后，才回过神来。

年轻的时候，我必须学习的功课之一就是向人求助是没有关系的。无论你的身体零件是不是配备齐全，有时候，你就是没办法一个人搞定某些事。没错，谦虚是一项人际关系能力，也是上帝所赐的礼物。

向人求助时要谦卑，无论你求助的对象是看护、良师益友、人生典范或家人。假如你向外求援时够谦卑，大多数人都会愿意抽空帮你。但如果你表现得好像自己无所不知，根本不需要别人，那就真的不太可能得到援助了。

## 没裤子可穿的教训

小时候，我接受的教导是一切荣耀都归于上帝。成年之后，我了解到不论我做了些什么，都不是由我完成，而是通过我做成的。上帝似乎认为我偶尔需要上上“谦逊”的课，这样我才不会失去与人互动、联结的能力。这些人生功课有时很困难，有时也挺好笑的。

2002年，我还住在澳大利亚，我表弟纳森陪我去美国一个教会营会演讲。我们在活动的前一晚抵达，而因为长途飞行的时差，我们睡过头了。

按照预订计划，我应该要早起去教一堂圣经课，但没有人忍心叫醒我。结果我从昏沉状态中醒过来时，距离那堂课开始的时间只剩下15分钟。因为住得不远，所以我想应该还来得及，但是当我们冲到营会时，我突然想上厕所。相信我，这种事通常我自己处理得来，个中诀窍我不便透露，不过把拉链换成魔鬼毡帮助很大就是了。那天因为很急，纳森就说要帮我。他把我抱进公共厕所，然后让我办事。

解决之后，纳森就进来帮我处理后续工作。正当我们要完成整个程序时，纳森把我的短裤掉到马桶里了。当我的尊严在慢动作的旋涡里消失无踪时，我们吓得张大嘴，当场呆掉。我站在那里，没有裤子可穿，而且圣经课迟到了。我毛骨悚然地瞪着表弟，他则回敬我惊慌失措。接着，我们忍不住爆笑起来，甚至没办法把裤子拉出来，因为我们实在笑得太疯狂了，愈笑就愈觉得好笑，一发不可收拾。纳森的笑声超级有感染力，当他一开始笑，我就忍不住了。我相信当天在厕所外面的人一定很纳闷，三号厕所到底发生了什么好笑的事，不然里头的人怎么那么开心？

当我发现自己处在一个荒谬的情境时，我的表兄弟、堂兄弟，以及弟弟、妹妹帮助我学会一笑置之，这就是一个很典型的例子。他们也教我要依靠那些愿意帮忙的人，一旦觉得受不了了，就去寻求协助。我鼓励你也这么做。

## 为我生命带来重大影响的三种人

你可能不像我一样，需要一个训练有素的人一个星期7天、一天24小时等着帮你，但我们都需要某种类型的看护，例如可以分享点子的人、可以提供最诚实建言的人、可以鼓励我们的人，或是良师益友和人生典范。

承认自己并非无所不知或需要帮忙，是要谦逊和勇气的。我之前提过，当你意识到自己的人生目的，并投入追求梦想时，总会出现一些诋毁你的人。幸好，其他人也会出现——有时是在你最没预料到的时候来替你打气，或者为你指点迷津。你应该为他们的出现作好准备，因为跟这些人联结，会改变你的生命。

有三种人曾经为我的生命带来重大影响：良师益友、人生典范与人生旅伴。

良师益友是已经到达你向往境界的人，但他们也是分享你的梦想的支持者与鼓励者，真心希望你能成功。通常父母是你天生的良师益友，而如果你运气好，会有其他人愿意在你生命中担任这样的角色。我最早的良师益友之一是我的山姆舅舅，他拥有创业家的心思、发明家的创造力以及探险家的视野。山姆舅舅对新经验总是抱持开放态度，当我年纪还小的时候，他就鼓励我展翅飞翔，还告诉我，人生唯一真正的障碍，是我们为自己制造出来的。他的指引与鼓励，给了我扩展视野的勇气。

我知道许多人一辈子都背负着悔恨的重担，但山姆舅舅从不回头看。即使犯了错，他依然带着压抑不住、如孩童般热爱生命的精神，继续前进，寻求下一次机会。

山姆舅舅鼓励我无论如何都要向前看，而且他总是对我有信心，即使有时我并不那么看好自己。我13岁时，他跟我说："力克，有一天你会跟总统、国王和女王握手。"那时，他甚至相信上帝对我有个大计划。山姆舅舅真是一位超棒的良师益友！

我鼓励你去寻找你的良师益友。不过你要知道，真正的良师益友并不只是啦啦队，一旦认为你偏离轨道，他们也会直言不讳。良师益友的批评与赞美，你都应该听，因为他们是真心为你着想。

我也非常景仰我表哥唐肯。小时候，我总是很怕麻烦人家带我去厕所，他就跟我说了一句话，要我铭记在心："当你需要上厕所时，尽管去跟别人说。"不只是他和其他胡哲家族的堂兄弟姐妹一直爱着我、支持我，唐肯和他妈妈更是在我展开演讲生涯初期，帮助我克服恐惧。

人生典范也已经到达你向往的境界，但通常不是像良师益友一样离你那么近。你往往是从远处看着他们，研究他们的动向，阅读他们的著作，并跟着走上他们的职业生涯，以他们为榜样。这些人通常是你那个圈子里的名人，因为功成名就而备受尊敬。我一直很敬重的人生典范之一是葛理翰牧师，他活出了《马可福音》第16章第15节经文的内容："你们往普天下去，传福音给万民。"这句话也激励了我。

对我来说，还有些人是介于良师益友和人生典范之间，例如维克与爱尔希夫妇。我几乎每年都会去拜访他们一次，而他们总是鼓励我要成为一个更好的基督徒、更好的人。住在澳大利亚的维克与爱尔希在南太平洋各个偏远的角落建立了超过65个教会和布道团，他们是我以宣教士身份发挥影响力的榜样。这对夫妇安静地工作，没有太多宣传，也从来不自吹自擂，但他们真的影响了许许多多的灵魂。

要认出人生旅伴，对我来说有点难度，因为我的人生走的实在不是传统的路。所谓的人生旅伴通常是指同侪、同事，以及其他跟你有着类似目标、走在同方向路上的人，他们甚至可能是你的对手，不过是友善的对手。你们凭借学习抱持丰盛而不是匮乏的心态彼此鼓励、互相扶持。

如果你相信丰盛，就会相信上帝的祝福永远足够给每一个人——足够的圆满、足够的机会、足够的快乐和足够的爱。我希望你可以采用这个观点，因为这会让你向他人敞开自己的心。如果你总是认为这个世界的资源稀少、机会有限，那么你可能会把人生旅伴视为威胁，认为他们会夺走一切，什么也不留给你。竞争可以是非常健康的，因为它给了你动力，而且你总是会发现，你要什么，就会有人也要什么。但如果你抱持着丰盛的心态，就会相信人人有赏，所以竞争比较像是尽力做到最好，并且鼓励别人也同样这么做。

丰盛的心态让你跟人生旅伴以一种战友的感觉互相支持、并肩同行。我从跟琼妮·艾瑞克森·塔达的友谊中认识到这一点，我们的生命旅程走的路很相似。前面提过，早在认识她之前，琼妮就是我的人生典范；到了美国，她成为我的良师益友，帮助我安顿生活；如今，她成了我的人生旅伴，常常给我明智的建言，并带着同理心听我倾诉。

另一个在各方面帮助我的人是贾姬。我十多岁时，她住在我家附近。尽管她已婚、有小孩，但是当我要倾吐心事时——无论好事、坏事，贾姬总是找得出时间聆听。她的年纪没有大我很多，所以比较像是一个有智慧的好友，而不是严格的长辈。

2002年，我的大学学业和个人生活都很不顺，常常走神，也很迷惘。我跟交往多年的女友分手，整个人很情绪化，所以去找贾姬，想请她帮我弄清楚到底发生了什么事。我对她掏心掏肺，而她只是双手紧握，静静地坐着听我讲。突然间，我发现自己正把情绪重担全部卸下，转到她身上，她却没有反应。最后，我停下来说："我该怎么办？告诉我！"贾姬微笑着，双眼发亮，简单地回答了一句："赞美上帝。"

困惑又充满挫折感的我说："赞美上帝什么？"

"就是赞美上帝，力克。"

我瞪着地板，心想："她就只能说这个？这个女人还真了不起。"

接着我突然想到，贾姬是在告诉我：要信任上帝，因为他从未忘记我；不要相信人的智慧，而是要相信上帝的力量；要顺服神，而且就算心里觉得上帝没有什么好谢的，还是要感谢他；要为了来自这份痛苦的祝福，而预先感谢上帝。贾姬有坚定的信仰，也常常在我觉得困惑或受伤时，提醒我顺服上帝，因为他对我们每个人都有计划。

## 负责点醒你的人生向导

"人生向导"式的关系常常让人不太好过。"向导"会点醒你，甚至斥责你，但他们非常关心你，关心到让你真正去思考自己在做些什么、要往哪里去、为什么你会在这里、下一步又是什么。你会希望生命中有这样的人。

当我想要成为一名演说家，想要去世界各地鼓励人们拥有信仰时，我跟一些亲近的朋友和家人谈到了这个决定。有些人很担心，包括我的父母。他们担心我的健康能否负荷，还有，这个任务真的是上帝要我做的吗？

我仔细听他们说些什么，因为我知道他们希望我成功。当你的“梦幻团队”针对你的计划提供意见时，你也该好好听一听，并仔细思考他们的建议，特别是如果你希望他们继续帮助你成功的话。你不一定要接受这些意见，但要持敬重的态度，因为这些人是关心你，才会说出你可能觉得不中听的话。

我尊重爸爸、妈妈的忧虑，但我确实感受到上帝要我成为一个传扬福音的人。于是，我的使命就是顺从爸爸、妈妈，保持耐心，并且祈祷有一天他们也能跟我有同样的感觉。

你遇到的每个人不保证都想帮你，有些人甚至会泄你的气，虽然他们的忧虑或许有最好的出发点和理由。爸爸、妈妈的每个恐惧都很合理，但我祈祷他们的信心能够胜过种种忧虑。

事后来看，你决定走自己的路可能是错的，也可能是对的，但是到头来，“是对的”并没有那么重要。父母和已成年的儿女常常必须留同存异，相互谅解彼此对歧见的处理方式，然后继续往前走。而你和“梦幻团队”其他成员之间也应该如此。

我很感谢爸爸、妈妈和我总能尊重彼此的主张和决定。因着上帝的恩典，我们的关系经得起考验，而且因为我们之间有着深刻的爱和互相尊重，所以变得比以往更亲近。如果爸爸、妈妈和我不曾敞开心胸畅谈彼此的感受，或许结果不会像现在这样美好。

你不应该把人际关系视为理所当然，尤其是跟家人的关系更需要珍惜。

美好的关系带来的回报，将持续一生之久。

现在，请花一些时间评估你的人际关系能力、人际关系品质，以及你投入了些什么到你的关系之中。你值得信赖吗？你信任身边的人吗？你是否能吸引人来帮助你成功？你尊敬这些人吗？在各种人际关系中，你投入的和你拿走的一样多吗？

每当我享受与家人的相聚时，我了解到自己就是为这样的时刻而活。我希望可以说服家人相信圣地亚哥的海滩比澳大利亚好，这样他们就会愿意来美国，我就能把他们留在身边了。把握你所爱的人，抓得愈近愈好、愈久愈好。

人际关系的品质大大影响到你生命的品质，所以要珍惜身边的人，不要把他们视为理所当然。《圣经》上说：“两个人总比一个人好，因为两人劳碌同得美好的效果。若是跌倒，这人可以扶起他的同伴；若是孤身跌倒，没有别人扶起他来，这人就有祸了。”①

①《圣经·传道书》第4章第9至10节。

# LIFE WITHOUT LIMITS

## 第十章

## 如果机会没来，就自己创造机会

约书亚和芮贝卡·维格夫妇住在洛杉矶，是得奖的电影工作者，他们致力于制作出兼具激励性和娱乐性的电影。我没见过维格夫妇，不过，他们看过我的一部影片后有了灵感，想要以我为主角，撰写一个电影剧本。在写剧本时，维格夫妇尝试通过不同的渠道联络我，不过当时我正在四处演讲，所以他们找不到我。某个星期天，他们突然在教会遇到老友凯尔。

“你现在在干什么？”他们问凯尔。

“我在当看护，照顾一个叫力克·胡哲的人。”他说。

毫不意外地，约书亚和芮贝卡大吃了一惊。

真的很神奇吧？两位有理想的制片人为他们从没见过的某人写了个剧本，到处找他，想要跟他一起拍部片子——这种事多久才会发生一次？真是太奇妙了，对吧？美梦成真了！

你是否曾经错过一个很棒的机会，只因为你的行动没有跟上？你是否曾经绝望地看着某人通过一个大门，而你却没看到那个大门打开？从这些经验中学点教训，振作起来吧！克莱斯勒汽车的创办人沃尔特·克莱斯勒（Walter Chrysler）说过，那么多人的人生未能如愿，是因为当机会来敲门时，他们不在，他们去后院找四叶幸运草了。现在，我看到许多人在买乐透彩，却没有投资自己的未来——投资未来包括努力工作、致力于自己的目标，然后仔细观察，在最好的时机一跃而上。

如果你觉得自己从未有机会开枪，很可能是因为你没有锁定目标、装上子弹，然后准备射击。你要为自己的成功负责，负责的方式就是作好最万全的准备；一旦万事俱备，东风就会吹来。如果你老是盛气凌人或自怨自艾，那就别期待会有人来邀你跳舞。相信自己（我是不是已经提过了？），相信生命有种种机会，相信你在地球上有你自己的价值，如果你觉得自己不配拥有翅膀，那么你永远无法离开地面，在天际翱翔。

去流一身汗、弄脏双手、努力用功吧。爱迪生说大多数人之所以常常错失机会，是因为机会穿着工作服，看起来像需要花费很大力气的工作。你是否准备好使出全力地拼了？我必须承认，维格夫妇一开始联络上我时，我并没有特别在意这件事。凯尔很替我开心，他试着告诉我他这两位制片人朋友的事，还有他们为我做的计划。不过，可怜的凯尔只讲到“我有个朋友想为你拍部电影……”就被我打断了。

“凯尔，我现在忙到没时间跟你的朋友谈了。”我狂妄地说。

我已经四处旅行演讲很久了，很累也很烦。而且说也奇怪，我最近才刚被另一个电影提案搞得很抓狂。那时听过电影大纲之后（一部剧情长片），我兴奋了好几个月，接着我就收到他们寄来的剧本。结果我发现，制片人要我扮演的角色是个满口粗话、老是在嚼烟草的家伙。而根据剧本设定，我大部分时间都被装在一个大麻袋里，让某人背在背上到处跑。

我可不想以这种角色展开——或结束——我的电影事业，所以我拒绝了。不是每个机会都值得一试，你要忠于自己的价值观，并将它们融入你的长远目标。你想要留下什么样的痕迹？你希望人们记得你什么？我可不希望我的孙子某天找到一部电影的DVD，发现力克爷爷有演出，而且在里面讲些不三不四的话，脸颊还淌着烟草汁，活像个败类。所以，我就对那第一个电影提案说“谢谢，再联络”了。

我喜欢拍电影这个点子，但不会为了拍电影就抛弃自己的价值观。或许你也得做类似的抉择，所以要坚强，坚守自己的原则，但不要犯跟我同样的错——我的意思是，当我关上第一扇门之后，也关上了我的心。

那就是为什么当老好人凯尔兴高采烈地跟我提到维格夫妇的拍片计划时，我想都没想就打了他一枪。我看不见未来，因为我看的是“后视镜”，当然无法看到前方的未来。我真是大错特错。

幸好，维格夫妇没那么容易泄气，他们请另一个朋友联络我的媒体经理。他读了他们的剧本，觉得很喜欢，就带来给我看。一读到剧本，我马上就发现我欠凯尔一个道歉。维格夫妇写的故事跟希望与自重有关，主题深得我心。

此外，谁比我更适合演这部电影呢？片中的主角“没有四肢的威尔”是他们特地为我量身打造的。影片一开始，威尔是个脾气坏又沮丧的“小怪物”，在一个破烂的马戏团表演余兴节目。后来，有好心人介绍他到一个待人比较厚道的马戏团，威尔在那里成了高空跳水明星。

我了解到，我应该甩开我那些“但是”，赶紧行动吧。我向凯尔道谢，并请他安排我跟维格夫妇碰面。许多大事件陆续展开：我们见面，谈妥合作，然后我就签字了。当我知道好几位有经验的演员已经同意加入时，我更加兴奋了！

这是一个低预算、快速进行的计划，我只须腾出一个星期的时间拍摄我的镜头即可。你可以去看看影评，再决定我在娱乐圈有没有前途，不过，我们这部《蝴蝶马戏团》（*The Butterfly Circus*）得到“门柱影片计划”最大奖，奖金十万美元。而因为得到这个奖，让这部短片备受瞩目，维格夫妇正在考虑要不要把它发展成一部剧情长片。

那我可能会再度跳进这个计划。毕竟，能演这个角色的演员不多，因为他必须没有四肢，然后又会跳水、游泳，还可以操一口流利的澳大利亚腔。

## 作足准备，开始行动

要追求梦想，就必须采取行动。如果没有你想要的，或许就该自己创造，上帝会照亮那条路。你的人生机会已经到来，你的梦想之门已经打开，显明你人生目标的道路随时都会出现，所以请作好准备，尽你所能，学习一切你该知道的。如果一直没人来敲你的门，就自己去敲坏几道门，然后有一天，你就会踏进你渴望的人生。

要竭尽全力、拥抱这一刻。在我演说生涯初期，背痛问题还没出现之前，每次演讲结束后，我都会给每个想抱我的人一个拥抱。我很惊讶，也很感激总是有许多人排队要跟我说话，然后紧紧地拥抱我。我在这些场合遇到的人都有自己的独特之处，那是一份我可以带走的礼物，你对“机会”也必须有这样的感觉。乍看之下，那好像不是什么绝佳的黄金机会，然而一旦你火力全开，它或许就会发出光芒。

## 自己创造机会

即使已经建立了人生目标，拥有强大的盼望、信心、自尊、正面态度、勇气、弹性、适应力和良好的人际关系，你也不能坐等机会上门。你必须抓住每条线，编出一条可以让你攀爬的绳索。有时候，你发现掉下来的大石头虽然挡住了你的路，但留下了一个洞，这个洞可以带你前往更高的地方。问题是，你必须有勇气和决心往上爬。

我们“没有四肢的人生”这个组织的座右铭之一是：“总有一天，总有机会。”我们不是只把它装裱挂在墙上，还试着每天活出这句话来。心理学家兼领导学老师卡拉·芭克博士在她《赫芬顿邮报》的博客上写道：“力克让我们知道，即使面临几乎世上所有人都觉得无力的处境，还是可能利用这样的处境唤醒心灵、激励他人。力克是个英雄，在大多数人都看不到出路时，他却找到了机会。”

芭克博士的溢美之词让我愧不敢当。不过小时候我就知道，如果一直为自己没有的东西生气，或是为自己做不到的事情沮丧，只会让大家对我敬而远之。但是当我开始找机会为别人服务时，大家就会被我吸引。我学会不要坐着等，而是要直起而行，自己创造机会，因为一个机会将带来另一个机会。每次去演讲、参加活动或拜访新地方，我都会遇到许多人、认识新的机构，并搜集到将来有一天会为我打开新机会的资讯。

## 化了妆的祝福

一旦我将注意力从生理上的困难转移到这种状况所带来的祝福时，我的生命便会发生戏剧性地改变，而且是变好了。你也可以这么做。如果我能了解，从许多方面来看，我这个身体是上帝伟大奇妙的礼物，那么你是否也能看出，你所领受的祝福或许也化了妆，甚至深藏在你自认为最严重的弱点之中呢?

一切都是看事情的角度问题而已。人都会遭受一些打击，除非你被重击到直接昏迷，否则你会变得沮丧、生气和悲伤，但我还是鼓励你摆脱绝望和苦涩。你可以被巨浪吞噬，也可以驾浪抵岸——也就是说，生命中的挑战可以把你打倒，也可以助你高升。有一口气在就值得感谢，请用这份感激战胜绝望和苦涩，一步一步地建立动能，创造你想要的人生。

我身体上的障碍迫使我必须厚着脸皮去跟大人小孩讲话、互动，同时也因为这个障碍，我要求自己一定要强化数字能力，这样即使演说生涯发展得不顺利，我总还有个吃饭的家伙。我常常在想，即使因为身障让我遭遇一些心碎的打击，对我也是好的，因为那让我对别人更有怜悯之心。同时，我所经历的失败让我对成功更加感激，也更能同情艰苦奋斗或失败的人。

## 建立我的“力克爷爷”法则

请记住，并非每个机会都是一样的。这章的一开头我提到，在接受第一个电影角色之前，我拒绝了先前那个提案。

看了《蝴蝶马戏团》你就会知道，威尔——我所饰演的角色——一开始并不是个鼓舞人心的家伙。事实上，因为心里有很深的怨恨和绝望，他其实有点讨人厌。但我之所以接演这个角色，是因为威尔经历了一个转变过程，克服了他的痛苦和怨恨。就像身上长满刺毛的毛毛虫蜕变成飞舞的蝴蝶一样，威尔慢慢褪去他的怀疑和不信任，成为一个自重、充满爱且激励人心的人。

这就是我希望世人认识的我。那你希望人们怎么认识你呢？在前面几章，我们讨论到拥有目标的重要性，当机会来临，或是你为自己创造了机会时，你必须自问：“这合乎我的人生目的和价值观吗？”

怎样才算好机会呢？能够带领你更靠近梦想的，就是好机会。当然，也有其他类型的机会，例如朋友约你出去玩儿，然后浪费了一整晚；或者你跑去打电动，而不是为工作上的会议作准备；或是读某一本书加强技能。你作的选择决定了你会过什么样的人生。

多思考一些，为如何使用时间和精力建立更严谨的评估标准。不要单凭当下的美好感觉作选择，而是要用你的价值观和原则来衡量，思考怎么做对实现自己的终极目标最有帮助。我用的是“力克爷爷”法则：我的孙子是会为我这个决定感到骄傲，还是觉得他们的爷爷根本就是未老先衰、脑袋有问题?

如果你需要建立一套正式、严谨的程序来评估各种机会，就在电脑前面坐下来，或者拿出纸笔，制作一份“评估工作表”。针对每个机会，写下它的正面和反面，然后评估每个正反面之处与你的价值观、原则和人生目标吻合的程度。然后试着想象一下，如果你穿过那道门，会发生些什么?如果你把它关上，又会如何?

假如你还是很难作决定，就带着评估工作表去找你所信赖的良师益友，或是找看好你、希望你成功的朋友，跟他们讨论正反观点，听听他们的意见。你要敞开心胸，但也要知道最后该负责任的是你自己。这是你的人生，你的决定会让你获得回报或付出代价。所以，请作出明智的抉择。

## 你真的准备好了吗

在评估时，还得考虑时机。有时——特别是在你年轻时——一些诱人的机会出现的时机可能不太对。例如，你不会想在自己还不够格或还没准备好的情况下，接受某一份工作，就好像你不应该急着去进行自己负担不起的奢华之旅，因为要付出的代价太大了，事后你可能得花很长的时间才能恢复。

我演说生涯初期犯下的重大错误之一，就是我在其实还没准备好要面对一大群听众之前，就接了一个大型演讲的邀约。当然，不是说我没啥好讲的，只是我还没把自己要讲的东西组织好，表达技巧也还锻炼得不够完善。所以，我缺乏完成那次演讲的自信。

我结结巴巴地讲完，大家都对我很好，但我真的搞砸了。不过等情绪平复之后，我也从那次的经验中学到，我应该抓住的是那些我完全准备好、处理得来的机会。这不是说你不应该抓住某个机会或选择，好强迫自己借此扩展境界和成长，因为我们的状况有时比自己知道的要好，因此上帝会推我们一下，让我们应时而起，朝着自己的梦想迈一大步。

当红的选秀节目《美国偶像》就是根据这样的概念制作的。有许多年轻的参赛者在压力之下崩溃，或是了解到他们根本还没准备好要进入演艺圈。然而，偶尔总有些平凡人会冒出来，并且在强烈的压力下大放异彩。

你必须衡量各种选择，并细心评估，看看哪些是能够带你到目的地的踏脚石，哪些又会让你失足跌倒。就像我遇上的第一个电影提案一样，你也会碰到那种可以带给你短期好处，却不符合你长期目标的机会。别忘了，今天你作了什么样的决定，就会带给你什么样的明天。年轻人不太了解这一点，所以常常在还没想清楚这个人是否适合长久在一起时，就快速跳入一段亲密关系里。

在网络上，我们要非常注意安全问题，不论是财务状况、名声还是我们必须保护的私生活都要小心。我们要假设，你在网络世界所做的每一件事——有你出现在里头的照片和影片、你发的每封E-mail、在网志上发表的每篇文章、你网页上的每则评论——都会在某时某地出现在搜寻引擎上，而且它们在地球上存活的时间可能比你长。一旦你不假思索就把一些东西放到网络上，日后它们会如何对你纠缠不休？请仔细想想这样做的后果，然后要记住，在评估机会时也是如此。机会带来的结果可能会帮助你或伤害你，而无论是帮助还是伤害，都会是长期的。短期的好处或许看来很棒，但长远的后果会是什么呢？

往后退一点，宏观地来看。请记住，你经常接受考验，但人生可不是一场考试，它是玩真的。你每天所作的决定会影响你的一生，所以请仔细评估，然后听听你的直觉和你的心怎么说。如果直觉告诉你，这不是个好主意，那就听直觉的吧。但如果你的心告诉你要把握机会，而这个机会又符合你的价值观及长期目标，那就去做吧！有时候，某些提议会让我兴奋到全身起鸡皮疙瘩，迫不及待想要赶紧投入，但我必须沉住气，祈求上帝赐给我智慧，作出正确的决定。

## 去一个机会找得到你的地方

如果你已经作好准备，却找不到向你敞开的机会之门，那么或许你必须重新为你自己和你的才能找到对的地方。例如，如果你的梦想是成为世界冲浪冠军，那阿拉斯加这个地方可能没办法给你太多浪，对吧？有时，你必须移动一下，才能抓到机会。几年前我想通了，如果我希望自己的演讲事业有更宽广的听众群，触及世界各地的人，就必须离开澳大利亚，到美国去。我爱澳大利亚，大部分的家人也还在那里，但位于南半球的澳大利亚实在太远了，不适合当作基地，而且所提供的选择和曝光机会也不及美国。

当然了，即使来到美国，我还是要非常努力才能创造自己的机会。我所做的最棒的一件事，就是跟一些人建立联系，他们都能分享我对于演说和激励他人的热情。研究显示，大多数人是通过朋友和同事得知工作机会，而其他机会也是这样来的，从一些秘密管道，你会比其他人更早得知消息。不管要找的是真爱、工作、投资机会、担任义工等地方，你都可以通过参加专业团体、地方俱乐部、商会、教会或公益组织，来创造你自己的机会。另外，网络上也有许多可以量身订做合作网络的地方，例如Twitter、Facebook、Linkedln和Plaxo等。你的圈子愈大，就愈有机会找到打开的梦想之门。

不要把自己活动的范围限制在你有兴趣的领域，只跟相关的人、机构或网站打交道。每个人都会认识一些人，然后那些人又会认识另外某些人，所以，去寻找热情又致力于追求梦想的人吧，即使他们的梦想跟你截然不同也没关系。我喜欢有热情的人，因为他们会像强力磁铁一样，把机会吸过来。

另一方面，如果现在和你混在一起的人无法认同你的梦想或你对于改进自己人生所作的努力，我会建议你换一批新朋友。那些整天泡在酒吧、夜店和电动玩具店里的人，有干劲的不多。

如果你无法引来自己想要的机会和选择，那你可能需要再进修，增加自身实力。进不了大学的话，就从社区大学或技术学院开始。申请助学金的机会比你想象的要多，所以不要因为学费问题就退缩了。如果你已经有了大学文凭，或许可以更上一层楼，修个硕士或博士，或者加入跟你的领域相关的专业团体、线上社群、网络论坛或聊天室等。总之，你要记住，如果机会没来找你，你就必须去一个它们能找到你，或者你能找到它们的地方。

## 把柠檬变成柠檬汁

爱因斯坦说过，每个难题之中都存在着机会。最近的经济衰退已经让好几百万人失业，不计其数的人没了房子和积蓄。在如此困难的日子里，能有什么好事呢？

目前，台面上一些知名企业都是在经济萧条和衰退时期起家的，例如惠普、箭牌口香糖、UPS、微软、赛门铁克（Symantec）、玩具反斗城、

Zippo打火机和达美乐比萨等。这些企业的创办人都在寻找更新、更好的方式来服务顾客，因为在整个大环境不好的时候，过去的经营模式根本不管用。而他们抓住了时机，创造出自己的做生意方式。

2006年到2009年的经济衰退，无疑对许多个人、家庭和企业都造成深远的影响。很多人被公司开除或解雇，但他们的回应方式却是去创业、重返校园进修，或者终于开始追求自己真正热衷的事物，例如开个小小的烘焙坊、开园艺公司、组乐团，或是写一本书。

在这次经济衰退中失业的人，有数以千计是新闻工作者。当过记者的人对于自己的足智多谋和创意都很自豪，所以观察他们如何回应自己失业的事实很有意思。我认识的几个记者就进入新的职场，如公关公司、非营利组织、网络媒体和博客团队。其中我最喜欢的故事是，有一位因为公司业务量萎缩而离开加州某报的记者，后来成为一家颇受欢迎的危机管理公司的副总裁，这家公司专门替衰退的企业精心打造"破产沟通"的方法。这是"把柠檬变成柠檬汁"的哲学，也就是把焦点从发牢骚转到想办法。你要有弹性、要意志坚定，并且准备好将负面的局势转为正面。美国一家大型连锁零售商就是这么做的，他们教销售人员要把客户投诉视为改善与顾客关系，让他们成为老主顾的机会。

关键在于用不同的眼光看待你面临的事。每次我的计划碰上意想不到的障碍时，我都会提醒自己："上帝不会浪费他的时间，所以他也不会浪费我的时间。"换句话说，无论面临什么状况，最后一定会是好事一桩。我真的这样相信，希望你也是。一旦你相信这个哲学，就往后站一步，静观其变吧，我已经一次又一次地看到事情的确是如此发展的。

## 上帝自有安排

几年前，我跟看护搭飞机跑遍全美各地，在某个机场，班机延误了（不意外）。当我们终于登机，飞机在跑道上滑行时，我望向窗外，看见引擎在冒烟。然后，消防车呜呜叫着过来了，消防人员跳出来，向飞机引擎喷洒泡沫，抢着灭火。而因为引擎失火，乘客被告知要紧急疏散。

好吧，我想，引擎失火是不太妙，不过引擎突然冒火时，我们是在地面上，这倒是件好事。当航空公司广播说我们的班机还要再延误两个钟头时，不少乘客气得狂骂。我也觉得烦躁，但又很高兴不必遭遇可能发生的空中惊魂——至少我是这样告诉自己的。

不过，想到我们的行程安排真的很紧凑，我实在很难保持正面态度，但我告诉自己："记住，上帝不会浪费时间。"然后，另一个广播声音响起了，原来航空公司已经为我们安排了另一架飞机，可以立刻起飞。好消息！

我们立刻去新的登机门排队登上飞机，准备起飞。我松了一口气，直到发现坐我旁边的女士正安静地啜泣。

"有什么我可以帮你的吗？"我问道。

她解释说她要飞去看她15岁的女儿，因为一场例行手术出了严重差错，让她女儿危在旦夕。我竭尽所能地安慰那位母亲，几乎一整个航程都在跟她讲话。我还说了一句话，把她逗笑了——当她说搭飞机让她很紧张时，我告诉她："那你可以握住我的手。"

抵达目的地时，那位母亲谢谢我安慰了她。我跟她说，在班机延误了这么多次，又换了不同的登机门之后，最后可以坐在她旁边，我心里也充满感激。

那天，上帝并没有浪费我的时间，他知道他在做什么。上帝把我放在那位女士身旁，让我帮她减轻恐惧和悲伤。对那天发生的事想得愈多，我就愈感谢能有机会以同情心倾听那位女士心中的苦。

## 近乎全盲的摄影师

失去挚爱、关系破裂、财务有困难或生病可能会毁了你——如果你任由悲伤和绝望将你淹没。有个方法可以在这些挑战中杀出一条路：即使生命似乎要把你击倒，也要仔细注意有什么浮现出来。

我在《蝴蝶马戏团》的拍摄场地遇见了摄影师葛蕾妮丝·史维逊。她虽然住在奥兰多，但在本片导演，也是她的朋友维格夫妇的邀请下，来到加州担任这部片子的侧拍摄影师。葛蕾妮丝得过奖，常常接受杂志社、企业、报社和网站的委托，担任摄影工作。她同时也从事人像和自然摄影。她很爱摄影，这是她的热情所在。

葛蕾妮丝曾在大企业的人力资源部门工作了二十多年，却在经济衰退中失去了“安全又有保障”的工作。但葛蕾妮丝接受了这个挫折，并利用前进的动能去追求自己热爱的事，于是成了一位全职摄影师。

“我想，现在不做，就永远没机会了。”她说道。

很棒的故事吧？葛蕾妮丝真是好样儿的，她把可能带来负面结果的事情，变成创造更美好人生的机会。真了不起！

还不止这样呢！你知道吗？葛蕾妮丝这位得奖摄影师近乎全盲。

“小时候，我的视力就很弱。”她说，“5岁就戴上眼镜，不过视力还是愈来愈差。大概在1995年，我被诊断出眼角膜病变，角膜变形且退化，甚至到了左眼看不见的地步。因为我的近视非常严重，所以没办法做激光手术，唯一的选择是角膜移植。”

2004年，葛蕾妮丝接受了这项手术。医生告诉她，手术后，她左眼的视力在不戴眼镜也不戴隐形眼镜的情况下，可以矫正到0.5。“但所有可以出错的地方都出了错，只差没废了我这只眼睛。”她说，“手术让我的视力变得更差，还出现了青光眼。我的左眼视力变差，接着是右眼视网膜出血（和手术无关），所以现在上面有个盲点。”

从工作了二十多年的地方被解雇，然后经历一场差点把她弄瞎的失败手术和视网膜出血，葛蕾妮丝如果绝望、放弃，大概没人会怪她，说不定大家还觉得她应该更痛苦、更愤怒一些才对。

但情况正好相反。因为心怀感激，葛蕾妮丝的生命得以飞得更高、更远。

“我不认为自己‘残障’或‘失能’，反而觉得自己更有能力了，因为近乎全盲让我成为一个更好的摄影师。”她说。

葛蕾妮丝已经看不见细微处，但她不觉得自己被剥夺了什么，反而因为不必再执着于一些小地方、小事情，所以心怀感激。

“在失去大部分的视力之前，如果是人像摄影，我甚至会注意每根头发，以及这个人身体的每个角度。因为太注意局部，所以我的作品看起来很僵硬、不自然。但现在我的拍照方式比较像是直觉反应——我感觉、我看、我拍！现在，我的作品比较出于直觉，跟周遭的人和环境也有了更多互动。”

葛蕾妮丝说，她现在拍出来的照片会有瑕疵，但是更具艺术性、更动人了。“有个小姐看到我为她拍的照片后哭了出来，因为她觉得我真的抓住了她的神韵。”她说，“过去，我的作品从来没有感动过任何人。”

自从失去了大部分的视力，葛蕾妮丝的人像和景观摄影作品已经得到10个国际奖项，她所拍的一幅照片还从16 000件参赛作品中被选出来参展，入选的作品只有111件。

眼盲让葛蕾妮丝无法继续原来的人资工作，然而许多伟大的艺术家，例如莫奈和贝多芬，却不受身体的障碍所限，在艺术领域卓然有成，因为他们把障碍当作机会，为自己艺术表现开发了全新的方式。

葛蕾妮丝充满感激地告诉我，她最爱的一节《圣经》经文是："因我们行事为人是凭着信心，不是凭着眼见。"[①]

"事实上，这说的就是我现在的人生， 不过让我做一点补充。我当然会担心全盲，那真的非常非常非常可怕，毕竟这种事也没有使用手册可以参考。"她说道。

葛蕾妮丝走在一条全新的路上，她将此视为礼物，而非生命的瓦解。"我以前是个控制狂，但现在我试着一天一天地过，享受每个当下。"她说，"另外，我为了自己还活着、为了有栖身之所、为了太阳依然照耀而感恩。我不担心明天，因为我们永远不知道明天会如何。"

葛蕾妮丝真的很棒，是个拥抱机会的人，对吧？她鼓舞了我，而我希望她也激励了你去寻找并明智地选择向梦想前进的方法，然后当你的心说"去吧"的时候，请采取行动。

① 《圣经·哥林多后书》第 5 章第 7 节。

LIFE WITHOUT LIMITS

# 第十一章

# 我的“可笑法则”

我们在印尼的“五都演讲之旅”正进行到一半，按照计划，我将在9天内进行35场演讲。我应该已经累得像条狗才对，不过在这种疯狂忙碌的行程中，有时我会加速前进、停不下来。那时，我们正要前往爪哇，从雅加达飞往三宝垄。登机时，我突然觉得自己精力旺盛。

那次共有五个人跟我一起旅行，包括我的看护宝汉，他是个很爱玩闹的大块头。空中小姐对他印象应该是很深刻的，因为我们登机时一直互相取笑。由于我必须从轮椅上下来，再经由通道走到我的座位，所以大家都会让我们先上飞机。当我沿着机舱里的通道往前走时，宝汉跟在我后头，我突然有股冲动，想要尝试一件我想了很久的疯狂事。

“快，宝汉，趁着别人还没上飞机，把我举起来，看看能不能把我塞进行李柜里头。”我说。

我们常常开玩笑说要这样做。几天前，我叫宝汉把我放进机场出境区的一个金属架子里，这个架子是用来检查旅客的行李能不能塞进机舱的行李柜。结果我一下子就被塞进去了，所以他们开始叫我“手提行李小孩”。

机舱座位上方的行李柜相当高，我不确定有人可以把我34公斤左右的身体举到那里，但宝汉可就没问题了。他把我举起来之后，轻轻放进我座位上方的行李柜，仿佛我成了“Vuitton”①，而不是“Vujicic”②。

“好，现在关上行李柜的门，然后等着其他乘客登机吧。”我说。

宝汉塞了个枕头到我的头下面，然后把门带上，让我栖身在座位上方的柜子里。空服员看到我们搞的鬼，爆笑出来。我们全都像小孩子一样窃笑着，实在不知道等一下要怎样演下去。其他乘客鱼贯上了飞机，浑然不知他们头上有个“偷渡客”。

当一位老先生来到我的行李柜这里要放行李时，我的工作人员和空服员简直控制不住自己，快要笑出来了。他打开行李柜的门……然后跳了起来，差点撞破机舱的天花板。

我探出头来。“先生，你好像没有敲门！”我说。

幸好那位老先生脾气很好，跟着我们一起捧腹大笑。接下来，我就在这头顶上的栖身之地摆姿势，跟他及其他乘客和空服员合拍了好几百张照片。当然，宝汉一直威胁我说要把我一直留在那上头，还警告我“飞行期间有些东西可能会被调包”。

## 绝对的可笑胜过绝对的无聊

在前面的十章里，我给了你各式各样的鼓励和指引。现在，我要你疯狂一点，像我一样。

我是很好笑没错，事实上，我希望你也是如此。我是“可笑法则”的创

①LV（Louis Vuitton）行李箱。

②力克的姓氏。

始人，这个法则主张：地球上所有人每天至少要做一件荒谬可笑的事，无论是执着于追求一个梦想，让旁人看了大呼可笑，还是单纯做一件可笑的事都可以。

我的可笑法则源自我最喜欢的名言之一：“不完美是美，疯狂是天才，绝对的可笑胜过绝对的无聊。”

我当然同意不完美是美，我干吗不同意？而你也不能说“疯狂是天才”这句话不对，例如冒险的人常常被某些人认为是疯子，但被另一些人认为是天才。此外，我也的确认为绝对的可笑胜过绝对的无聊。

你可以掌握这本书的每个论点，但如果你不肯冒一点险，或者被那些不知道你厉害的人骂成是疯子就怕了，那么，你可能永远也没办法完成你想要实现的梦想。为了你，也为了这个地球，拜托你放开胆子、爱玩一点。别忘了偶尔嘲笑自己一下，给自己找点乐子，这样你才能好好享受这趟生命旅程。

行程太满、工作过量、玩乐不足的生活形态让我很难受。我立志成为福音布道家和激励讲师，为了磨炼演讲技巧，我四处奔波，尽可能接下每个邀约。经过八年马不停蹄的巡回演讲，现在的我已经有所选择。我需要过平衡一点的生活。

我们很容易陷入“有一天”这种心态：

“有一天，我会有许多钱，到时就可以享受人生了。”

“有一天，我会有更多时间跟家人在一起。”

“有一天，我会有时间放松一下，做自己想做的事。”

根据“可笑法则”，我鼓励你自由采取以下两大态度。

一、可笑的冒险：甩开那些怀疑和反对的人，向前跃进，活出你的梦想吧。或许有人会说你很可笑，那你就回答：“没错，我是呀。”对那些不理解你的愿景或热情的人来说，你所喜爱的那些事或许真的很荒谬吧，但是别让他们的讪笑消灭你的梦想。相反地，你要借力使力，一路往梦想高处攀登！

二、可笑的乐趣：花点时间享受人生、跟所爱的人在一起。去欢笑、去爱，然后来点可笑的乐趣，让别人分享喜悦吧。如果你觉得人生很严肃，不妨想想死亡！生命很可贵，该严肃的时候要严肃，但是该嬉闹的时候，还是要嬉闹。

## 可笑的冒险

童年时失去视力和听力的海伦·凯勒，后来成了知名的社交人士和作家。她说，世上没有安全的人生这回事。“大自然中不存在这种东西……人生要不就是大胆的冒险，要不然就是零。”所以，风险并不只是人生的一部分，它就是人生。你的人生就位于舒适区与梦想之间，这个区域充满焦虑，但你也在其中找到自己。高空钢索表演传奇家族的大家长卡尔·华连达（Karl Wallenda）曾说：“站在钢索上才是人生，其他的一切都是等待。”

每个从事高空跳伞的人、飞行伞运动员和小翠鸟宝宝都知道第一次走到山崖边非常可怕，但如果想飞，就非走到那里不可。面对现实吧，每一天都可能是你的最后一天，所以光是起床都是孤注一掷。除非愿意面对挫败，否则你不可能成为赢家。不冒着跌倒的风险，你甚至无法站立。

出生以来，我每天的生活都是一场冒险，我对能不能打理自己、照料自己不无疑虑。我爸爸、妈妈有双倍的烦恼，因为他们这个孩子不但没有四肢，还整天追求刺激。我无法忍受呆呆地坐在角落，所以老是让自己置身险境，溜滑板、踢足球、游泳、冲浪样样来。我把自己这个零件不足的身体当作没有导航系统的飞弹，到处乱窜。很可笑吧！

## 让我大开眼界的潜水经验

2009年秋天，我尝试了一件有人认为对我来说太危险的事：我去海里潜水。你们或许猜得到，我玩得很过瘾，就像飞行，但着陆地点比较软。三年前，我曾试过要潜水，但当时的指导员只准我换上潜水装备，在水池里拍打两下。我想，他是关心赔偿金远胜于我的安全吧？

我这次的指导员菲利普心胸比较开阔，他在南美洲的哥伦比亚外海一个小岛上担任潜水指导员。我应当地一个豪华度假村主人的邀请，前去演讲。当我出现在潜水课上时，菲利普只问了我一句："你会游泳吗？"

一旦证明了我的适水性，菲利普就给我上了一堂度假村式的潜水速成课。我们设计了几种肢体语言，如此一来，我就可以在水中通过移动肩膀或头，来跟菲利普沟通，让他知道我什么时候需要帮忙。然后，他带我到离岸边不远的水里进行测试。我们在那里练习了一下，试用水中沟通法，也检查了装备。

"好了，我想你已经准备好了。"菲利普说。

他穿着蛙鞋，抓着我的腰，和我一起潜到礁岩区，我看到五彩缤纷、令人目眩神迷的海洋生物。接着，菲利普让我自己去探索礁岩，他则浮在上方，只有在一条大约一米半的海鳗从珊瑚礁的缝隙中冒出来时，才出马救了我一次。我在某个地方读过这种肉食性鳗鱼的牙齿被细菌包裹，很恶心的，所以就跟菲利普打暗号，请他来把我扔到友善一点的海域去，我可不想变成

“力克生鱼片”。

这次的经验让我大开眼界。你可能会怀疑我有必要冒这种荒谬可笑的风险吗？当然有，因为踏出舒适区会带来伸展与成长的可能性。你的人生一定也有什么是你想冒险一试的吧？我鼓励你去做，去试水深，让生命更上一层楼——即使你想做的事是在水面下。跟海豚一起游泳、与老鹰一起飞翔、爬山、勘探深穴都可以。跟力克一样可笑吧。

现在请注意，可笑的冒险跟愚蠢式的冒险是不同的。愚蠢式的冒险是指那种光想就很疯狂的事，你不该冒那种会让你失去比得到更多的风险。而可笑的冒险则是指那些看起来很疯狂，但事实上并没有那么危险的事，只要：

1.你已作好准备；

2.你已尽量减低风险；

3.如果出了差错，你有备案。

## 重点不在规避风险，而是控制风险

我在大学上财务规划和经济学的课程时，曾经学过如何降低风险。商业世界如同人生，大家都知道不可能完全规避风险，但你可以在跳进烂泥巴之前，先测量它有多深，以便控制或降低风险——不论你要跳进去的是哪种烂泥巴。

生命中有两种风险：尝试的风险和不去尝试的风险。也就是说，不论你怎样试着避免或保护自己，风险总是存在的。比方说，你想追求某个人，光是打电话约她出来就是一场赌博。你可能会被拒绝，但如果连试都不试，又会得到什么呢？说不定对方有可能会答应，然后你们就这样走下去，从此过着幸福快乐的生活呀。请记住，如果不去尝试，就没有“从此过着幸福快乐的生活”这回事。吃点苦头算什么，是吧？

有时你会输、会失败，但是荣耀就出现在你一次又一次爬起来，直到胜利出现的时刻！

要活着，你就必须向外伸展；要过得好，你就必须学会在行动前弄清楚利弊得失，然后掌握机会。你不能控制每一件事，所以就把焦点放在你能掌握的事情上，尽可能周延地评估每个可能性，然后作决定。

有时在评估过后，发现成功的可能性不高，但你的心或直觉会告诉你应该去试一试。也许你会输，也许你会赢，但回首人生，我不认为你会因为曾经试过而后悔。过去几年来，我开过几家商业公司和地产公司，读了许多跟企业家相关的书，书中总会谈到风险这个主题。尽管企业家给人的印象是“承受风险的人”，但成功的企业家并不是很会承受风险，他们是善于控管和降低风险，然后往前迈进——即使知道某些风险依然存在。

## 我的“风险管理可笑法则”

为了帮助你处理人生一定会遇到的风险，我总结出“力克的风险管理可笑法则”——那个，你知道的，读的时候“风险”自负。

### 1.试水深

非洲有句古老的谚语说，没有人会用两只脚去试河水的深度。无论你是想尝试一段新恋情、想搬去另一座城市、想找一份新工作，哪怕只是替自家客厅换上新的颜色，在大动作之前先来点小测试——在还没弄清楚你到底要跳进哪里之前，别急着一头栽进去。

### 2.知道多少做多少

这不是说你永远不要尝试新事物、认识新的人，而是说你可以借此多做一些功课，来降低赌注的风险。一旦你认为自己已经掌握了某个机会的利弊得失等所有方面，就该带着自信展开行动。即使你无法知道所有的状况，也该知道自己到底不知道些什么——有时，这样也够了。

### 3.检查时间表

有时候，等到合适的时间点才行动也可以降低风险，增加成功的可能性。你应该不会想在酷寒的严冬中开冰激凌店吧？像我进入电影事业，第一个机会不适合我，但是几个月后，非常适合我的角色出现了，时机也对。有时候，多点耐心是值得的，给自己一点时间思考，别急着作决定。有什么事，睡觉前写下来，第二天早上醒来后再看一看。你会发现，经过一个晚上，事情看起来会很不一样，我就这样做过很多次。永远要仔细评估时机对不对，决定在一个困难的时间点采取行动之前，还是要想想是不是有其他更好的时机。

### 4.寻求第二意见

有时，我们会去尝试一件超过自己能力许多的事，那是因为我们相信一定要马上做这件事才行。当你发现自己急着进入一个诡谲刁钻的领域时，请往后退几步，去找你信任的朋友或人生导师，请他们帮你评估情势，因为你的感情已经超过理智，可能不适合单独作决定。在美国，我会去找贝塔叔叔，在澳大利亚则是找爸爸。三个臭皮匠，胜过一个诸葛亮，当某件事的风险太高时，请不要执意做江湖独行侠。

### 5.为看不见的后果作准备

我们的行动总是会有看不见的影响——我再重复一次，是总是——特别是那些超越极限的行动。我们无法预见所有后果，所以要尽可能周密地考虑到每个角度，然后为意想不到的状况作好准备。我在做经营计划时，会高估成本、低估利润，以防事情进展得不如预期。如果一切都进展得很顺利，资金有富余也没坏处哇。

## 可笑的乐趣

在机场等行李时，不要告诉我你没想过要跳上行李转盘，让它带着你在行李区到处晃！这很可笑吧，我就做过。

当时我们在非洲巡回演讲，我在机场等行李等得有点无聊，于是跟看护凯尔说我想坐上行李转盘去兜风。

他看着我的神情好像在说："你这家伙是不是脑袋坏掉了？"

不过，凯尔终究还是答应了。他把我举起来，扑通一声放在一个新秀丽旅行箱旁边，然后我就跟着其他箱子、袋子往前跑了。我戴着太阳眼镜，像座雕像似的搭乘行李转盘畅游航站楼，引来一大堆惊异的目光，每个人都指指点点的，还爆出紧张的笑声，那些机场旅客实在搞不清楚我到底是：

1.一个真人；

2.或者，全世界最具设计感的一捆布。

最后，我来到一个小门，通过这个门就到了装卸行李的后场。搬运行李的工人们满脸笑意地迎接我这个搭着转盘逍遥游的澳大利亚疯小子。

“上帝保佑你。”他们为我加油。

这些行李工人了解，即使是个大人，有时也会想搭转盘去兜风。小孩子从不浪费青春，他们尽情享受年轻的每分每秒，你我也应该尽全力保持这种青春活力。人生如果太墨守成规，会让人闷疯的，所以，来一趟可笑之旅吧，不管是什么，只要能带你重回儿时的欢乐时光就好。跳跳弹簧床、替小马套上马鞍，让身为大人的你休息一下吧。

希望你善用每一秒钟。我隔三差五地会放松一下，做些好玩的事。我鼓励你也这么做，以旺盛的精力探索上帝在这个世界上为我们预备的各种新鲜妙事。

活得可笑，意思是活在希望与可能性的交叉点上，拥抱上帝的目的和计划。“可笑法则”的第二部分就是拥有荒诞可笑的乐趣，拒绝规律、超越限制。我的意思是，请享受这趟生命之旅，拥抱充满祝福的人生，而且不只是活下去，更要活得丰富、满足。

演讲时，我常常站在讲台边，摇摇晃晃的，好像快要掉下去了。我跟听众说，濒险而活也不是什么坏事，只要你对自己和造物主有信心。我不是说说而已，无论工作或玩乐，我都尽全力探索自己的极限，而当工作与玩乐合二为一时，我的感受更是好得不像话，好到最高点。我希望你也去追求这样的感觉。

## 我的特技演出经验

当我同意接演生平第一部电影《蝴蝶马戏团》时，其实没料到连特技部分也要我自己来。不过，谁又能做得比我好呢？又不是有一大堆没手没脚的专业特技演员可以挑。

我很愿意这么做。如果我的澳大利亚老乡罗素·克洛可以自己完成电影里的特技演出，我为什么不行？再说，罗素可没像个海滩球似的，被壮汉乔治[①]丢来丢去。在剧中的一场关键戏里，饰演乔治的特技演员麦特·阿曼要把我丢进一个小水潭里，这场戏让麦特非常紧张，我自己就更不用说了。

我们在加州高地沙漠区圣加百列山的一条溪谷实景拍摄。水很冷，但这还不是最糟的。在这场戏中，我意外掉进水潭里，吓坏了所有人，大家都很怕我被淹死。不过，我当然冒了出来，还秀了一下泳技。

看到我活着，壮汉乔治非常兴奋，于是把我抓起来丢了出去。这次，他就真的差点把我淹死了。

拍摄时，麦特很怕把我丢得太重或太远而伤到我。刚开始的几个镜头，他有点放不开，所以只把我丢到水深一米半左右的地方。导演鼓励他用力丢，于是我像个鱼雷一样飞出麦特的手。因为担心撞到岩石，所以下水时我拱起了背，这救了我一命。当我从水底冒出来时，每个人都开心得不得了，尤其是麦特。那种高兴可不是演出来的。

不过更危险的一幕是高空跳水。这场戏虽然是在“特效专用背景银幕”前面拍摄的，但我还是必须绑上安全带，被吊到三层楼高——被几条带子吊在高处，真的很可怕。当然，因为现场有武术指导，所以我拍戏的风险减低了许多，他们细心地处理安全网和绳索，所以即使最可怕的部分，其实也很好玩。

偶尔适度地让身体冒点险，例如去攀岩、冲浪或玩滑雪板，可以让你更带劲、更有活力。大人和小孩最喜欢的玩乐形式中，往往带着一些风险，即使那种风险只是把心里的8岁小孩释放出来，让你显得很可笑。

---

① George the Strong Man，《蝴蝶马戏团》里面的角色，是个力气很大的特技演员。

## 玩乐是人的天性

精神科医生史都华·布朗说过，玩乐是人的天性，而忽略天生的玩乐冲动就跟一直不睡觉一样危险。布朗医生研究死刑犯与连续杀人狂，发现这些人的童年几乎都缺乏正常的玩乐模式。他说，玩乐的相反并不是工作，而是抑郁，所以玩乐或许也可视为一种生存技能。

根据布朗医生的看法，冒险的、打打闹闹的游戏有助于孩童和成人发展社交、认知、情感和身体技能。他认为我们甚至应该把工作和玩乐结合在一起，而不是另外安排所谓的休闲时间。

我认识一些人，他们年轻时追求他人的认同与财富，到了晚年却发现自己没有享受到人生。不要让这种事发生在你身上。为了生存，你有必须做的事，但也请你尽可能找机会追求自己热爱的事物。

日复一日，人们陷在一成不变的生活中，为生存打拼，却忽略了生活品质，这真的很可怕。平衡并不是“有一天”才要达成的目标，所以别忘了找些新奇可笑的乐子，享受有趣的活动，让自己忘了时间，忘了身在何处。

研究指出，在做喜欢的事情时——不论是玩大富翁、画风景画还是跑马拉松——那种浑然忘我或全神贯注可能很接近真正的快乐。钓鱼是我最喜欢的休闲活动，而我在钓鱼时，就常常陷入那种“涌动”①的状态。

爸爸、妈妈在我6岁时带我去钓鱼。妈妈给了我钓鱼的手线，用玉米粒当钓饵。她把饵丢进水里，然后我用脚趾抓住手线。我是个意志坚定的人，肯定比鱼有耐性。它们早晚会咬走我的玉米饵，因为没等到大鱼上钩，我是不会走人的。

我的策略成功了，一只大约60厘米长的鱼终于来追我的玉米粒——可能

① flow，意思是与上帝的恩典同在，如同活水涌流。

是因为它觉得我小小的影子在水面上阴魂不散很烦人吧。当这只怪物咬住我的饵，带着它跑时，我趾间的钓线被拉动，脚趾头痛得要命。但我不放开这条大鱼，巧妙地移动，整个人坐在钓线上跟它拼了。当这只大鱼不停地拉扯钓线时，我的屁股被磨得好像要烧起来了。

“我钓到一条鱼了！哎哟，我的屁股好痛！但是，我钓到一条鱼了！”我大叫着。

爸爸、妈妈和堂兄弟们全都飞奔过来帮我把大鱼拉上来，这条鱼的长度跟我的身高差不多呢。结果，我钓到的鱼是当天最大的一条，我吃的苦头也算值得了。从此以后，我就让钓鱼这件事给钩住了。

后来，我不只用手线，也用钓竿和卷线，这样我的屁股就不会再出现烧烫伤的危机。如果鱼儿上钩，我已经强壮到可以用肩膀和下巴夹住钓竿。要抛出鱼饵时，我则是用牙齿咬住钓线，时机一到再丢出去——没错，钓线也是我的牙线，钓鱼顺便清牙缝。

## 一“肩”扛起指挥乐团的责任

如果你认为钓鱼这种娱乐对我来说有点夸张，那你觉得，当人们知道我在学校的乐团里不只是鼓手，还担任指挥，会有什么反应？不过，这是真的。我很有节奏感好吗。我来自一个打鼓狂家族，而因为我天生有节奏感，几个叔叔和他们教会的朋友便买了一部鼓机送我。这部鼓机让我成了“没手没脚之一人打击乐团”，不过教会的钢琴手、风琴手和鼓手会加入，让我觉得自己也是乐团的一员。音乐是我灵魂的慰藉，无论是聆听或弹奏，我都可以陶醉在声波中，浑然忘我好几个钟头。

我对音乐的喜爱来自高中的爵士乐团。或许我这辈子到目前为止音乐表现的最高峰，就是我一肩扛起带领高中乐团的责任那时候（真的是一“肩”扛起）。你大概永远也想不到这样的工作会由我这种人接手吧。太好笑了，对吧?

当时，我们的音乐老师因为健康问题不能参加彩排，所以我自告奋勇担任这个60人乐团的指挥。我知道所有要演奏的曲子，于是便站到庞大的乐手群之前，摆动肩膀来指挥他们。我敢说，他们那天的表演真是好得不像话。

## 拥抱快乐得不像话的人生

大多数人都不清楚上帝为我们的每一天、每个月、每一年或这一辈子计划了什么，但我们每个人都有能力用大胆狂放加上可笑的热情，为自己增光添彩，并且去追寻生命的目的、热情与乐趣。在这一章里，我细数了自己各种有趣的经历，现在，我要问你一个问题：“如果不完美的我可以拥有这么多荒谬可笑的乐趣，如果我可以挑战极限，尽情享受人生，那么你呢？”

用你的生命荣耀上帝，尽全力发挥能量和你的独特之处。只要敢于荒诞可笑，你就能拥有快乐得不像话的人生。

# LIFE WITHOUT LIMITS

## 第十二章

## 你的任务是付出

20岁那年，我决定到南非进行两个星期的巡回演讲，而我跟邀请我的人从未见过面。爸爸、妈妈对这个演讲活动不怎么热心，主要是顾虑我的安全和健康，还有费用问题。你可以想象吗？约翰·品格只看过我早期的一部影片，就决心邀请我去他的国家，为那些最贫穷的人演讲。通过教会网络，约翰一个人为我在南非的教会、学校和孤儿院办了一系列的见面会。

约翰写信、打电话、写E-mail，不断邀请我到他的国家，这份坚持和热情打动了我。在成长过程中，有时我会被我的境况、被未来到底该怎么办这些事折磨，能让我摆脱痛苦的，除了祷告，便是走出去为别人做点什么。我愈是执着于自己的困难，感觉就愈糟。然而，当我转移注意力，去为有需要的人服务时，我的精神就会振奋起来，也了解到：受苦的不是只有我一个。

无论你能付出的是多是少，请记住，小小善行和巨额捐款一样有力。光是改变了一个人的生命，你就有很大的贡献，因为一个简单的善念会产生连锁反应，引发类似的行为，于是你一开始那个善行的结果将被扩大许多倍。想想看，你有多少次因为某个人对你做了件好事，你心存感激之下，也转身为其他人做了点什么？我相信，以这种方式回应是人的天性。

我在前面提过，有个女孩在我觉得自己很没有用、很多余的人生关键时刻，以一句简单而亲切的话给了我信心。她激励了我，让我觉得自己或许也有些东西可以给出去。而现在，我在传扬上帝之爱的同时，也试着去鼓舞世界各地有需要的人。当初那个女孩一分简单的善意，已经被扩大了许多倍。

所以，如果你说等到你拥有更多时，会做得更多，我希望你现在就去做你能做的，而且要持续。钱不是你唯一能贡献的东西，无论上帝赐给你什么，请以各种方式分享出去，让他人受惠。如果你有木工或其他方面的技能，就去为你的教会、仁人家园①、海地大地震的灾民和其他贫困地区的人服务。无论是缝纫、歌唱、会计或汽车修理，你可以加倍贡献才华的方式有很多。

一位中国香港的高中生最近写E-mail到我的网站，他的故事说明了，不论年纪大小，也不论贫富，每个人都可以发挥影响力。

我很幸运，能过着美好的生活，但有时还是会觉得自己没用，觉得恐惧。我很怕上高中，因为我听过一大堆老鸟欺负菜鸟的故事。上学第一天，我跟其他同学一起加入了“行动人道主义”组织②，遇到一位很棒的老师。他要我们别把自己当成一个班级，而是要看作一个家庭。

随着时光流逝，我们学到很多，知道了世界各地发生的大事，例如1994年在卢安达，以及最近发生在苏丹达尔富尔地区的种族屠杀。我和班上的同学都涌现了之前从没有过的感觉：热情。我们渴

① Habitat for Humanity，专为穷人盖房子的基督教非营利机构，目前已在世界各地盖了35万栋房子。

② Humanity in Action，国际性的非营利教育组织，致力于协助少数族群。

望了解达尔富尔地区的人到底发生了什么事，并帮助他们。虽然大家不会对14岁的孩子有太多期待，但我们找到一个方法让世人知道我们如何发挥影响力。

我们举行了一场表演，让观众知道达尔富尔这个地方到底发生了什么事。我们找到了点燃灵魂的热情。因为这份热情，我们做到了意想不到的事，并募到足够的钱，送了些基本民生物资给达尔富尔地区的人。

这个年轻人说的话真的很有智慧，对吧？服务他人的热情或许是上帝赐给我们最棒的礼物。我相信达尔富尔地区的人会对所收到的每样东西心怀感激，无论礼物是大是小。上帝奇妙可畏的力量在于，想要为别人做些什么时，我们“愿意给的心”和能力一样重要。当我们伸手助人时，上帝就通过我们运作：当你愿意去做好事时，猜猜看你可以仰赖谁的能力？上帝！《圣经》上说：“我靠着那加给我力量的，凡事都能做。”①

你希望别人怎么待你，你就怎样对待别人。如果养成习惯，每天都做一些小小的善行，你会觉得充满力量，并从自己受伤与失望的情绪中解放出来。当然，你不应该期待慷慨或帮助他人能让你得到好处，但做好事会带来意想不到的回报。

我很鼓吹无条件的慷慨，因为这是荣耀上帝的事，也会让它的祝福加倍。此外，我也相信，当你为别人付出时，祝福会回到你身上。所以，如果你没有朋友，就去做别人的朋友；如果你某一天过得很糟，就去帮助某人，让他那一天可以好过一点；如果你的感觉受到伤害，就去治疗别人的感觉。

---

①《圣经·腓立比书》第4章第13节。

你永远不会知道，仅仅通过一个小小的善意行动，你会为这个世界带来多大的改变。小涟漪会掀起大波涛，看到我因为被嘲笑而心情低落，过来跟我说我长得不错的那位女同学，不只抚慰了我受伤的心，也点燃一簇火花，开启了我日后走到世界各地去帮助他人的生涯。

## 走出去的热情

不要担心你到底能为别人做多少，只要伸出手，并了解到，你的小小善行会加倍，而随之产生的力量会强大到超乎你的想象。当约翰·品格捎来更多消息，我就愈来愈常想到南非，愈来愈想去那里，就跟那位香港学生一样。

我为可能的南非之旅祷告了三个星期，然后，我真实地感受到召唤，要我去那里。不过，我对南非几乎一无所知，而且之前从来没有在爸爸、妈妈不在身旁的情况下，旅行到那么远的地方。我爸爸有朋友住在那边，跟他们通过电话后，爸爸心里更是七上八下。朋友告诉他，南非的治安问题很严重，常有外来者被攻击、打劫，甚至被杀。

“那个地方不安全，力克。”爸爸说，“你连这个约翰·品格是谁都不知道，为什么要相信他，让他带着你在南非到处跑？”

我的爸爸、妈妈就像天下所有的父母一样，非常保护我，而因为我身体的障碍，他们觉得自己更有理由顾虑我的安全。但是我渴望走自己的路，回应心底的召唤，我希望成为福音布道家和激励讲师。

当我提出南非行这个可能性时，他们最初是担心我的生活与财务状况。那时，我刚用赚来的钱买了第一栋房子，他们认为我应该努力还清贷款，而不是到处乱跑。

听到我透露以下这两件事，他们的不安更是急剧升高：

1.我打算从存款中捐出两万多美元给南非的孤儿院；

2.我要带弟弟一起去。

今天，我从爸爸、妈妈的观点回头去看，更能理解他们为何那么担心，但我的心意已决。《圣经》上面说："凡有世上财物的，看见弟兄穷乏，却塞住怜恤的心，爱神的心怎能存在他里面呢？"①我希望通过服务他人，以行动活出我的信仰。我凭借着信仰胜过身体的障碍，觉得自己更有能力，也认为该为我的人生目的展开行动了。

我还是必须说服父母，让他们知道我的南非行是安全的。不过，我弟弟亚伦起初也不是那么想跟我一起去。事实上，当我问他时，他一开始是拒绝我的，理由除了从新闻报道得知的南非暴力问题之外，另一个则是"我不想被狮子吃掉"。我一直游说他、刺激他，试着跟他解释狮子的事。我已经号召了两位堂弟同行，但其中一位后来退出，所以亚伦就觉得有义务帮我搞定这次的旅行。爸爸、妈妈和我为此行祷告，最后他们送上了祝福。虽然还是会为我担心，但爸爸、妈妈相信上帝会照料我们。

## 永远改变我生命的南非之旅

经过了一段长途飞行，我们抵达南非，接待的人如约在机场等我们。不知为什么，我一直认为约翰·品格应该有点年纪，或许不是我父母那个年

①《圣经·约翰一书》第3章第17节。

龄，但总该有三十几岁吧。

但是那年他才19岁，比当时的我还年轻一岁！

“哦，这次来南非或许真的不是什么好主意……”在机场见到约翰时，我心里这么想。

幸好，后来证明约翰是个非常成熟且能干的小伙子，他让我看见更多贫困和有需要的人，那是我以前未曾见过的。约翰告诉我，看到我的影片时，他深受感动，但我发现他的故事更让人动容，他的奉献和信心让我折服。

约翰成长于南非南部奥兰治自由邦的某个农场，以前混过一阵子，不过后来成为一个充满热忱的基督徒，现在经营了一家小型货运公司。他感谢上帝改变了他的生命，并为他的人生带来祝福。

约翰决心邀请我到他的国家演讲，主题是信心与激励。为此，他把车卖掉，以筹钱举办这次巡回教会、学校、孤儿院和监狱的演讲之旅。然后，他借来他阿姨的蓝色休旅车，载着我往返开普敦、普雷多利亚、约翰内斯堡等各个演讲地点。

这次演讲之旅的行程真是疯狂，我们每天只能睡四到五个小时。然而，这次旅行所认识的人、去过的地方、经历的事情，永远改变了我的人生。到南非演讲让我明白，我这辈子想要做的，就是到世界各地去分享充满鼓励与信心的信息。

亚伦和我认为，我们在澳大利亚长大，又在加州住过一小段时间，也算见识过坏人，不过这次的南非行才真的让我们大开眼界，觉得以前的见闻真是小儿科。抵达南非后，我们开车离开机场，在经过约翰内斯堡时，亚伦和我就有了深切的体会。在某个十字路口，亚伦望向窗外，看见一个吓死人的告示牌：打劫区。

亚伦看着我们的司机，问道：“约翰，那个牌子是什么意思？”

“哦，它的意思是，在这一区，有人会打破你的车窗，抢走你的东西，然后逃跑。”约翰回答。

我们锁上车门，开始密切注意四周的状况。看见那附近的住家都被高耸的水泥墙围住，墙上还有锐利的尖刺时，我们就更担心了。头几天认识的人之中，就有好几个提到被袭击、被抢劫的经历。不过后来，我们发现南非并没有比其他某些贫穷、犯罪率高的地方更危险。

事实上，亚伦和我都爱上了南非，爱上了那里的人。尽管这个国家问题很多，我们却发现南非人总是充满希望与喜乐。我们从未见过那么深切的贫困和绝望，却也没看过那么莫名的喜乐和坚定的信心。

孤儿院的状况让人揪心，却也很激励人。我们去的其中一家孤儿院专门收容被遗弃在垃圾桶或公园长椅上的小孩，大部分的孩子都生着病或营养不良。因为那些孤儿让我们深受震动，第二天，我们又带着比萨、饮料、玩具、足球和其他礼物去了一次，结果那些东西让小朋友们高兴得要命。

此外，我们还看到感染了噬肉菌，身上有开放性伤口的孩子，看到罹患艾滋病而垂死的孩童和成人，也看到每天四处找食物和干净饮用水的家庭。近距离地看到这些状况，闻到疾病与死亡的气息在极度痛苦的人身旁萦绕着，体会到我能做的就是为他们祷告，以安慰他们，这些都是让我深受启发的经验。

我之前从未见过那样的贫困与苦难，比起我所承受的，那些状况糟多了。相较之下，我的人生真是养尊处优。于是，我陷入了两种彼此冲突的感觉中，其一是深刻的同情，让我想要采取行动、尽我所能去救助每一个人；另一种感觉则是愤怒，对于世上居然有如此苦难觉得非常生气，而且这样的状况似乎改变不了。

爸爸经常提到他在塞尔维亚的童年，晚餐只有一块面包、一点点水和糖。他的父亲——我的祖父——是位理发师，在一家国有的理发店工作，但是当他拒绝加入政党时，就被赶了出来。政党经常对他施压，所以他也很难经营自己的店。祖父因为信仰的关系，不能携带武器，所以全家人一年必须搬一两次家，免得祖父被征召入伍。后来，他罹患肺结核，没办法再当理发师，祖母为了抚养六个孩子，便去当裁缝师。在南非近距离观察到贫穷与饥饿之后，父亲家族的苦难奋斗对我来说有了全新的意义。

现在，我亲眼见过垂死母亲眼中的痛苦，听到她们的孩子因为饥饿所发出的哀鸣。我们去探访贫民窟，看到那里的许多家庭栖身于比储藏室大不了多少的狭小锡板屋里，用报纸隔间，没有自来水。

我还去一座监狱演讲，来听讲的囚犯挤满了小教堂和外头的庭院。我们得知许多囚犯正在等待审判，其中不少人欠了钱就被逮捕，因为他们欠钱的对象是有能力让他们吃牢饭的人。我们就碰到一个囚犯，他因为欠人200美元，而被判刑10年。那一天是由囚犯们献唱诗歌，他们的歌声带着让人惊叹的喜乐，飞扬在这孤绝之地。

## 账户空空，但心是满的

去南非时，我是个非常自以为是的年轻人，认为自己一定可以在这片广袤的土地上发挥影响力。但事实上，是南非影响了我。

当你不再只想到自己，跨出去接触他人时，你将会改变。你会变得谦卑、会受到激励，更重要的是，你会感受到自己是世界的一部分，这种感觉将大大地震动你。不仅如此，你还会了解到自己可以有所贡献。你为了让别人的生命变得更美好所做的一切，会让你的人生更有意义。

在南非的头几天，我就明白为什么约翰·品格要花时间帮助我在他的国家传达希望与信心的信息。他看见的远超过我所曾见过的。我了解到，我非常以自我为中心，这个没手没脚、要求很多的家伙总认为世上没有人像他一样受那么多苦。

到过南非之后，我连去杂货店的感受都不同了。我们家附近的杂货店里的东西之多、之丰富，是南非孤儿院和贫民窟那些人想都没想过的。一直到现在，当我舒舒服服地待在有空调的办公室里，或是喝上一杯冷饮时，我就会想到那次的南非之旅。这种程度的舒适，在那里都算奢侈。

亚伦目前在澳大利亚的高中教数学及科学，他还常常谈到南非之行，觉得那次的旅程点醒了我们。有些景象让我们觉得哀伤，但也有许多惊奇之遇。我俩都觉得，那是我们一生中最棒的旅行。回家之后，我和亚伦都在想："我们能做些什么来减轻别人的痛苦？贡献一己之力最好的方式是什么？一旦知道世上竟有人如此受苦，我们又怎能继续过着和往常一样的生活？"

你不必到遥远的地方去寻找需要帮助的人，事实上，那次的南非之旅让我们更容易察觉到自己的社区和国家有哪些人需要帮助。你可以在附近的教会、养老院、红十字会、救世军、游民收容所、食物供应站等地方找到奉献时间、才华和金钱的机会。无论你分享的是时间、金钱、各种资源还是人脉，都一定会带来改变。

第一次去南非时，我对于可以展开服务他人的使命感到很兴奋，便捐献了我存款中的两万美元。在当地时，我们又另外募了两万美元，也捐了出去！我们花了好几天买礼物送给孤儿，给他们食物，为他们添购图书、毯子和床。我们还买了电视和DVD播放机送给孤儿院，并通过几个慈善机构捐钱。

对我来说，两万美元始终不是一笔小数目，但回头想想，我真希望自己有更多钱可捐。光是可以在一些地方影响一些人的生命，就给了我前所未有的满足感。当我从南非回家时，账户里面居然“什么都没有”。妈妈是有点不开心，但她也看得出来那次旅行丰富了我的生命，收获其实是无法计量的。

## 我的生命有一天会成为奇迹

我在南非一所教堂演讲时，看见几百个生病的人、身体有障碍的人和垂死的人排队等候治疗的奇迹，那是我最难忘的景象。通常我会在演讲中拿自己没有四肢这件事开开玩笑，只是希望大家能放轻松。但是在这个教堂里，没有人笑！那些人不是来听笑话的，他们是为治疗而来。他们需要奇迹。

每天晚上，他们戴着颈箍、拄着拐杖、坐着轮椅来到这个教堂，希望能被医治。我们看到两个艾滋病患者躺在床垫上被拖来，其他人则是走了四五个小时的路才来到这里。教堂后面有成排的拐杖和轮椅，据说是那些被治愈的人留下来的。我和亚伦跟一位腿和脚都肿成两倍大的人说话，他极度痛苦，但还是走到这个教堂来，希望得到医治。

每个人都祈求有力量可以治疗那些痛苦的人，我当然也曾经祷告，希望出现奇迹，给我手和脚，但我的请求从来未得应允。而我们在那间南非教堂遇到的大多数人，也没有得到他们想要的奇迹，但这并不表示奇迹不会发生。我的生命有一天可能会成为奇迹，因为我曾经向这么多不同的听众演讲，分享信仰，并鼓舞了他们。

一个塞尔维亚裔、没有四肢的澳大利亚基督徒，曾应哥斯达黎加、哥伦比亚、埃及和中国等国家的政府领导人之邀前去演讲，这可不是小奇迹吧。我和科普特教会的教宗欣诺达三世（Pope Shenouda III）、埃及武装部队总司令坦塔维（Sheikh Mohammed Sayed Tantawi）碰过面，更别提耶稣基督后期圣徒教会[①]的领导人了。我的人生经历证明了一件事：除了我们自己，没有什么可以限制我们的人生。

过着不设限的人生，意味着知道自己永远可以付出某样东西，来减轻他人的负担。即使是小小的善行、少少的几块钱，都能带来重大影响。2010年海地大地震后，美国红十字会迅速成立援助专案，任何想帮忙的人都可以参与，只要通过手机短信输入“HAITI”（海地）这个字，再传到90999这个号码，就可以捐出10美元。

10美元看起来不多，输入“HAITI”这个字也不费力，这是个小小的慈善行动。但如果你是其中一个参与者，你就造成了很大的影响。根据我最近向红十字会查到的资料显示，超过300万人通过手机短信捐了10美元给海地，因此，红十字会收到了超过3200万美元的捐款，可以用来帮助海地人。

## 做喜欢的事来帮助别人

你可以做任何你喜欢做的事去帮助别人。你打网球吗？骑自行车吗？爱跳舞吗？把你喜欢的这些事变成慈善活动吧。例如，为你当地的基督教青年

① Tne Church of Jesus Christ of Latter-Day Saints，俗称摩门教。

会举办一场网球赛，为“小童群益会”[1]策划一趟铁马行，或是办一场舞蹈马拉松来募款，为贫童添购衣物。

希拉蕊·李斯特（Hilary Lister）热爱航行。37岁那年，她决定尝试单独驾船绕行英伦三岛一周。她规划了这个40天的航程，为她创立的慈善基金会募款。希拉蕊的基金会帮助身障者和弱势群体学习航海，她相信航海活动可以振奋身障者的精神与增加他们的自信。

希拉蕊之所以相信航海有治疗功能，是因为她个人就有这样的经验。她因为罹患进行性神经疾病，15岁以后手脚就不能动了。这位拥有牛津大学学位的四肢麻痹患者驾着特制的船航行于大海中，利用三根吸管组成的“吸吹系统”来操控她的船，其中一支吸管控制舵柄，剩下的两支则帮她掌舵。她是第一位独自驾船穿越英吉利海峡并绕行英国一周的四肢麻痹航行者。

## 即使是盗版，上帝依然做工

南非惊奇之旅过后几年，一位小名叫韩韩的男士邀请我到印尼演讲。他是华裔，在澳大利亚的印尼人教会担任牧师。我先前也曾应他之邀去过印尼，这是第二次。

某个星期天上午，在一家教会办完三场演讲之后，我们休息了一下，因为当天晚上我还有三场活动。我又饿又累，但决定先处理饿的问题，填饱肚子再说。我们在附近找到一家中国餐厅。于是，我的看护宝汉抱着我，跟当

① Boys and Girls Club，关注儿童及青少年身心均衡发展的非营利机构。

地一些社团领袖和本次巡回演讲的赞助者一起走进去。

餐厅是混凝土的地板加上木质桌椅，看起来挺阳光的。我们刚坐下，一个年轻女人就走了过来，倚在门边。她流着泪，并用印尼语对我说话。我不知道她在讲些什么，但看得出来她在对我打手势，似乎想要一个拥抱。我对她的同情如浪涌出。

在场的商人和社团领袖似乎都被她的言语打动了。他们解释说，这个女人——以斯帖——和母亲及两个兄弟住在垃圾场旁边一个以纸板搭建的破烂小屋里，他们每天在垃圾场觅食，并挑拣出塑胶卖给回收工厂。她对上帝有坚定的信仰，但是当父亲遗弃他们时，以斯帖绝望到打算自杀，她认为自己的人生已经不值得活下去了。

某次聚会时，以斯帖祷告，跟上帝说她以后没办法再到教会了。但就在那一天，教会的牧师让会众看我的DVD。那是盗版片，我的盗版DVD在印尼已经卖了15 000张。

当我第一次从韩韩口中得知我的DVD在印尼被盗得这么严重时，我说："不要担心，要赞美上帝！"我关心的是有多少人可以听到我的信息，而不是获利。以斯帖的故事证实，即使是不合法的盗版，上帝依然做工。

通过翻译，以斯帖告诉我，我的DVD让她抵制绝望，找到了生命的目的，并心怀盼望。她认为："如果力克能够仰赖神，我也可以。"以斯帖为了能有份工作禁食祷告了六个月。之后，她在这家中国餐厅找到工作，于是我们见到了彼此。

听完她的故事之后，我给了以斯帖一个拥抱，并问她未来有什么计划。她说，尽管她没什么钱，而且一天工作14个小时，但她想要成为一个以儿童为对象的传道人。她想去读神学院，然而以她的情况来说，她也不知道要如何实现这个愿望。因为没钱，租不起房子，所以她住在餐厅里，睡在地板上。

听到这儿，我差点没从轮椅上跌下来。我在那家餐厅吃得不太舒服，所以真的无法想象这个可怜的女人天天睡在这种地方。我鼓励以斯帖另外找个地方住，追寻梦想，为了向儿童传福音而努力。

在场的人里面有一位牧师。在以斯帖回去工作后，他告诉我，当地的神学院学费很贵，而且光是要参加入学考试就要排队等上12个月，然后只有少数几位申请者可以过关。

一盘热腾腾的食物摆到我眼前，但我已没了食欲，一直想着这个睡在地板上的可怜女人。当其他人在作谢饭祷告时，我为以斯帖祈祷，结果我的祷告几乎立刻就有了回应。坐我旁边的牧师说，如果我能付点押金，他的教会可以给以斯帖提供住的地方。我问他以斯帖是否付得起那里的租金，牧师向我保证一定在她的能力范围内，于是我同意了。我兴奋地想告诉以斯帖这件事，但是在她回到我们这桌之前，在场的某位商人说他愿意支付这笔押金。

我告诉那位商人，我想尽一份心力，但还是谢谢他的好意。就在此时，另一个人开口了："我就是神学院的董事长。"他说，"我同意让以斯帖在这个星期参加入学考。如果她通过了，我会让她拿到奖学金。"

上帝的计划在我眼前展开。以斯帖以极为优异的成绩通过入学考，并于2008年11月从神学院毕业。她目前在印尼的一个大型教会里做事，负责青年部，并计划在她的社区设立一家孤儿院。

在这本书里，我一直在谈人生目的所拥有的力量，而以斯帖的故事就是那份力量的证明。这个年轻女人别的没有，只有对自己生命目标的强烈感受，以及对上帝的信心。而她的目的与信心创造出强大的磁场，把我和她的圆梦团队吸引了过来。

## 请不设限地活出你的人生

以斯帖的故事让我惊奇，也鼓舞了我，希望你也有这样的感觉。我写这本书的目的是点燃你内在的信心与希望，让你也能活出不设限的人生。你的环境可能很艰难，你的健康、财务或亲密关系可能出了问题，然而，如果你拥有人生目的，对未来有信心，并且下定决心永不放弃，你就能克服任何阻碍。

以斯帖做到了，你也可以。在成长过程中，我没有四肢的这件事常常被视为无法克服的负担，但我身体上的障碍却被证明在许多方面都是祝福，因为我学会了跟随上帝的路。

你或许也面对了许多考验，但你要知道，无论你觉得自己有多软弱，上帝总是刚强的。他为身障的我增添能力，为我注入热情，让我可以与人分享我的故事和信仰，并帮助别人克服困境。

我了解到，我的人生目的是将自己奋斗的历程化为学习的功课，去荣耀上帝，并鼓舞他人。他赐福给我，让我成为别人的祝福。所以，请带着热情将你的祝福分送出去吧，要知道，你所做的一切将扩大许多倍。万事互相效力，叫爱神的人得益处。他爱你，我也爱你。

基督徒常被教导说自己是“基督在人间的手和脚”，如果我照字面解读，可能会觉得自己跟这句话搭不上边。不过，我是从属灵的角度来看的。通过我自己的见证和事例，我感动了许多人，并以此服侍上帝。我希望能映照出基督对所有人的爱，他给了我们生命，让我们彼此分享自己的天赋恩赐。这样做让我充满喜乐，你应该也是。

希望这本书里的故事和信息可以帮助你、激励你去找到自己的人生目的，让你有盼望、有信心，也让你爱自己，拥有正面积极的态度，然后变得没有恐惧、势不可挡，学会接受改变，也让自己值得信赖，并打开心胸接受种种机会，愿意冒险。最后，则希望你对人存有慈悲心。

请与我保持联络。看过本书后，请上我的网站：nickvujicic.com，或是lifewithoutlimbs.org、attitudeisaltitude.com分享你的故事和想法。

请记住，上帝真的赐给你的生命一个重要的目的，请不受任何限制地活出你的人生吧！

有爱与信心的

力克

# 附录

## 网络时代的行善资源

我鼓励你像四肢麻痹却独自驾船绕行英国一周的希拉蕊一样，以充满创意的方式付出，帮助别人。最近流行微型义工与微型行动，这是从微型贷款计划发展出来的想法与做法（微型贷款已经提供小额贷款给数百万人，相当成功）。只要有手机、有点儿时间，你就可以去担任微型义工，采取微型行动，以帮助有需要的人。

有一家叫“多余时间”（Extraordinaries）的公司就为了愿意利用智能手机或网络浏览器做好事的人，创造一种商业服务模式。其中的概念是：许多人可能很想做好事，但挪不出一整天的时间，那他们就可以利用搭火车或公车上下班、排队或工作当中的休息时间，这里做一点、那里做一点。“多余时间”的网站（www.beextra.org）与智能手机应用程序把这些人串在一起，让他们可以一点一点地行善。

根据他们网站上面说的，“多余时间”可以帮人做的好事包括：替某个团体录制有声书，一次录几页，这些有声书将会分送给身心障碍者；将非营利机构的网站内容翻译成外文；记录你住的城市里路面坑洞的位置；替大学里研究鸟类的实验室辨识鸟类；帮博物馆或美术馆把各种收藏品贴上标签；

找出适合小孩玩耍的安全地点，并绘成地图；仔细检查国会法案，找出藏身其后的政治恩惠，不让政府以不当拨款方式笼络人心。

“多余时间”会向接受他的微型义工服务的企业或机构收取一些费用，这种运用科技与“众包”[①]的做法，让好事以化整为零的方式完成。通过网络与社交网络来行善，真是非常有新意，相信这个世界也会因此变得更加美好。以下列出几个行善网站，你只要利用电脑或智能手机，就可以投入做好事的行列了。

### 公益班底（Causecast.com）

身价数百万美元的科技新贵雷恩·史考特创立了“公益班底”（Causecast）这家公司，为的是帮助非营利与社福机构降低捐款的作业处理费，因为这些费用如果过高，会影响社福机构行善的能力。“公益班底”以创新的方式达成这项目标，包括让捐款人通过手机，利用短信付费系统捐款。“公益班底”也会在非营利机构与有兴趣从事公益行销的企业之间搭起桥梁。如今，公益行销的所得已高达15亿美元，连一些大型企业也希望通过捐款或分红的方式，把他们的品牌跟一些信誉良好的公益活动联结在一起。

### 认捐者选择（DonorsChoose.org）

这个致力于教育的网站推动“公民善举”。这个网站应北美各地公立学校老师的请求，帮他们寻找各种资源，范围从送给经济弱势学生的铅笔，到化学实验设备、乐器和书籍等等。你可以上他们的网站，选择你想帮忙的项目，并决定你要捐的数量，想捐多少都可以。然后“认捐者选择”网站就会

① crowdsourcing，将一个工作发包给一大堆彼此没有联系的分散个体去集体完成。

把这些物资送到学校去。他们还会提供照片，让你知道你捐出来的东西在学校被使用的情形，或是提供费用报告，让你了解你的捐款都花到哪些地方，并附上老师的感谢函。如果是大额捐款或较大宗的物资捐赠，还会收到学生指名致赠的感谢函。

### 行动协作（Amazee.com）

这个社交网站推出各种倡议方案，有点类似慈善家的Facebook，鼓励想行善的人提出点子，号召有同样想法的人，并在它的全球行动网络上募款。“行动协作”的会员们提出的计划包括为斯里兰卡的穷人建立数位学习中心，帮助南非的某个村落供应自来水等。

### 全球捐赠（GlobalGiving.com）

“全球捐赠”的目标是借此联结700多个经过审查的民间公益计划，帮助捐赠者变成行动者。根据网站上的说明：“从经营孤儿院和学校，到帮助天灾的幸存者等，很多人一心想做好事。我们把‘有好点子的人’和‘慷慨解囊的人’联结在一起，让各种规模的计划获得金额不等的捐款 。”

有公益专案计划的人可以把他们的计划和希望得到的援助公布在网站上，然后捐赠者可以上网挑选他们想要援助或参与的计划。“全球捐赠”保证每笔捐款的85%会在60天内送达需要的人手上，并立即产生影响。

### 奇瓦（Kiva.org）

如果你愿意小额贷款或捐款给穷人和穷忙族①，可以通过这个网站进行。“奇瓦”标榜自己是“全球第一个个人对个人的微型贷款网站”，访客

① working poor，指本身有工作，但收入低于最低生活保障的人。

可以浏览网站刊登的低收入创业家资料，然后选择借钱的对象，贷款期间是6到12个月。捐款人可以从E-mail、流水账和还款记录中，随时知道他帮助的对象最新的状况。

如果有上百万人愿意付出，那么这里一点、那里一点的小钱也能聚沙成塔。根据“奇瓦”的报告，已经有超过50万人通过这个网站，利用信用卡或PayPal这个跨国线上交易支付平台借出8000多万美元。小额贷款每笔金额可以从25美元开始，贷款人则分布在184个国家。

### 好心（Kinded.com）

澳大利亚企业家丹尼尔·鲁北斯基的经营理念是“不只追求利润”，他创造了“好事行动”的做法，鼓励人们用意料之外的善举给人惊喜。你可以上“好心”网站，制作自己的好心卡，并把卡片印出来。然后当你对谁做了件好事时，就把这张卡片传给他，等他对另一个人也做了件好事之后，再把这张卡片传下去。这些好心卡都有编码，因此可以在网络上追踪卡片的下落，大家就能看到每一件好事所引起的涟漪效果。

### 如果我们经营这个世界（IfWeRantheWorld.com）

可以向外伸出援手的创意做法实在太多了，比方说，“如果我们经营这个世界”网站就鼓励个人、组织和企业以微小而容易控管的方式做公益。你可以上他们的网站，以自己的想法完成这个句子：“如果我来经营这个世界，我会……”网站会把认同并愿意贯彻你的理念的人和你串联起来，然后你们可以一起做点什么。

### 不被捆绑（Never Chained）

“没有四肢的人生”有个公益计划也采用了类似的做法。我们创造了一个线上庇护中心，或说是青年自我咨询中心。在这个网站上，人们可以分享自己受伤的故事、治疗的故事，然后帮助彼此找到方法，在情感与心灵上过着更美好的生活。

这个点子来自我几年前遇到的一位17岁女孩，在我认识她的三年前，她被强暴过。她告诉我，当时的她找不到人可以诉说那段可怕的经历，幸好通过祷告，上帝医治了她。之后，她写了一首歌叙述上帝医治她的过程，希望可以帮助别人。“也许因为我自己有这样的遭遇，我可以帮助那些想放弃的人，或者拯救一个灵魂。”她告诉我。

这个女孩的故事激励了我创设这个网站，好让她的故事和她的歌被那些寻求疗伤和鼓舞的人听见。我无法想象她身心经历过的痛苦，当她受苦时，我无法在她身边帮助她，因为那时我还不认识她。但现在我可以帮助她和其他人说出他们自己的故事，然后彼此疗伤。这个网站叫作“不被捆绑”，名字取自《圣经》经文：“神的道不被捆绑。”①

我的计划是让“不被捆绑”有两阶段的使用经验：第一阶段，网友可以分享他们困难时光的故事；第二阶段，我们会把他们跟愿意提供协助或安慰的人联结起来。我把这里想象成社交网站，让有需要的人和愿意贡献一己之力的人可以取得联系。我们的目标不是很大：从一次改变一个人开始改变世界。目前，这个网站还在发展中，我们希望鼓励青少年多多行善。你可以上“没有四肢的人生”网站（lifewithoutlimits.org），不只看看“不被捆绑”这个计划的最新消息，也可以看到我们的行程，以及许多人的生命如何转变的故事。

---

①《圣经·提摩太后书》第2章第9节。